海上大气波导技术与应用丛书

民用海事信息监测大气波导技术

田斌 唐文龙 察豪 路君 计君伟 周丽◎著

长江出版传媒
湖北科学技术出版社

图书在版编目(CIP)数据

民用海事信息监测大气波导技术/田斌等著. 一武汉:湖北科学技术出版社,2022.4(2022.5重印)

ISBN 978-7-5706-1877-4

Ⅰ.①民… Ⅱ.①田… Ⅲ.①海上传播－对流层传播－研究 Ⅳ.①TN011

中国版本图书馆CIP数据核字(2022)第033800号

民用海事信息监测大气波导技术

MINYONG HAISHI XINXI JIANCE DAQI BODAO JISHU

责任编辑:张波军　　封面设计:曾雅明

出版发行:湖北科学技术出版社　　电　　话:027-87679468

地　　址:武汉市雄楚大街268号(湖北出版文化城B座13－14层)

邮　　编:430070　　网　　址:http://www.hbstp.com.cn

排版设计:武汉三月禾文化传播有限公司

印　　刷:武汉邮科印务有限公司

开　　本:787×1092　1/16

印　　张:11.75

字　　数:180千字

版　　次:2022年4月第1版

印　　次:2022年5月第2次印刷

定　　价:120.00元

国家自然科学基金资助(41975005)

主要符号说明

符号	含义	符号	含义
n	大气折射指数	N	大气折射率
T	大气温度(K)	p	大气压强(hPa)
e	水汽分压(hPa)	M	大气修正折射率
CoF	截止频率	d	蒸发波导高度(m)
c_1	波导底层斜率	z_b	波导基底高度(m)
z_{thick}	波导陷获层厚度(m)	ΔM	波导强度(M)
PE	抛物方程	SSFT	分步傅里叶变换算法
k	自由空间波数	p	波数谱变量
F	传播因子(dB)	PL	传播损耗(dB)
z	高度	x	距离
SI	敏感性指数	RT	射线追踪

希腊字符

符号	含义	符号	含义
λ	波长(m)	θ	电磁波掠射角
ρ	粗糙度衰减因子	α	收缩-扩展系数

目　录

第1章　绪　　论

1.1　研究背景和意义

海上大气波导是大气中的一种异常传播现象，由于具有能够显著影响无线电系统覆盖范围等使用效能的特性，具有重要的军事和民用价值，一直是世界军事强国关注的热点问题。在军事应用上，海上大气波导环境对海上作战至关重要，可以影响舰载和机载雷达、侦察、电子对抗和通信装备的效能，进而直接影响海上超视距打击、防空反导的能力，是指挥人员制订作战预案必须考虑和掌握的海上环境因素；在民用上，大气波导可以影响移动通信系统传输能力、通话质量等指标，也可使民用船舶自动识别系统和广播式自动相关监视系统等关乎民用交通安全的设备发生性能增效或降能现象。

国内外进行大气波导实时监测的方法主要分为直接测量技术、模型诊断技术和反演监测技术三类。直接测量技术是利用气象传感器测量各个空气薄层的温度、湿度和气压，然后通过公式计算得到各个高度层的修正折射率，最终获得实际的大气波导信息；模型诊断技术是利用少量的气象水文值通过相似性原理等算法获得温度、湿度和气压廓线，进而获得大气修正折射率剖面以及大气波导信息；反演监测技术是通过对受大气波导"调制"的雷达、通信、激光等信号强度的分析，进而反向获得一定高度气层中大气修正折射率随高度的变化曲线，最终得到所需波导数据。

然而，上述技术的具体方法在实时监测能力、广域覆盖能力等方面离实际应用仍有差距，大多应用于科学研究，尚未形成大规模业务化运行能力，无法满足军事及民用对大气波导的保障需求，严重制约了我国海洋权益（主要涉及海域内预警探测、航行保障等设备）的使用能力。因此，迫切需要研究可满足需求的新型大气波导监测技术。

船舶自动识别系统（automatic identification system，AIS）是一种新型的导航辅助设备，能够利用甚高频（very high frequency，VHF）将卫星导航系统产生的数据和船舶基础数据自动向安装有相应设备的其他船只、海岸站及航空飞行器提供相关信息，包括船名、船型、船舶位置、航速、航向和航行状态等信息。2000 年，国际海事组织修订的《海上生命安全条例》（SOLAS）要求自 2002 年起符合公约要求的船舶必须安装 AIS 设备。为了响应国际海事组织的要求，中国海事局在我国沿海建设了近 300 座 AIS 基站，形成了对我国海域的全区域覆盖。平均每天接收到 AIS 信号的船舶数量近 7 万艘，其中沿海航行的船舶近 4 万艘。

然而，并非所有船舶发送的 AIS 信息都能被就近的岸基设备稳定接收。通过对大量 AIS 数据进行分析，发现我国海域大气波导对 AIS 数据传输产生了显著影响。图 1.1 为某日两个时刻的渤海海域不同大气波导环境对船载 AIS 信号传播的影响分析结果。图1.1(a)中的船舶 AIS 信号传输距离远、信号强度大、船舶数量众多，且在辽宁以东海域也有稳定的 AIS 信号，表明该时刻大气波导有利于 AIS 信号的传输，形成超视距通信现象。同时，将该地区的岸基实验雷达观测数据进行对比分析，数据也显示雷达探测效能的好坏与 AIS 信号传输的优劣存在显著的一致性。

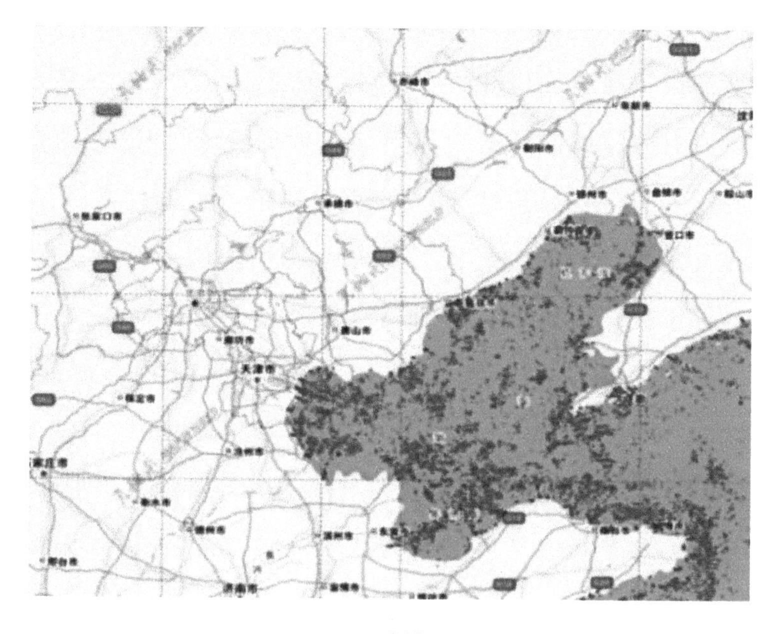

(a) 时刻1

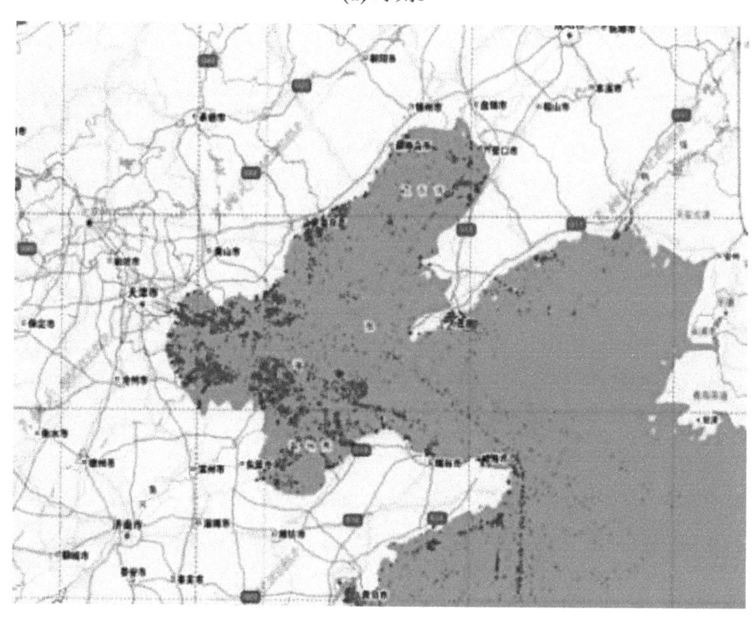

(b) 时刻2

图 1.1 大气波导对渤海海域 AIS 信号传播的影响

AIS信号功率携带了传播路径上的大气波导环境信息，因而可以通过被动接收过往船只发射的AIS信号反演大气修正折射率剖面，而且AIS信号源丰富稳定、所需设备简单、隐蔽性好，可以实现对海洋大气波导的实时监测反演。此外，近岸有大量可以利用的民用AIS数据，从而可以得到精细化的大气波导空间分布。这些民用AIS数据都是公开的，所以可以得到全球的民用AIS数据，进而获取全球的大气波导分布。使用民用AIS数据进行波导监测，能够挖掘民用数据与技术的军事应用价值，利用在海域内近乎“全天候”“全天时”“免费”的海量民用AIS数据，使大气波导的实时监测成为可能，并进一步完善大气波导监测理论体系。因此，开展基于AIS信号的大气波导实时监测新技术研究工作非常有必要。本书从AIS设备的工作原理、数据组成等内容入手，研究基于AIS信号的大气波导监测技术，形成利用民用AIS数据进行大气波导监测的理论体系，为构建“岸海衔接、时空一致、全球一体”的大气波导监测网提供技术支撑。

1.2 国内外研究历史与现状

1.2.1 大气波导实时监测技术的研究历史与现状

当前，可应用于大气波导实时监测的技术主要分为直接测量技术、模型诊断技术和反演监测技术三类。

1. 直接测量技术

1)微波折射率仪直接测量技术

微波折射率仪是用于直接测量大气折射率的专用测量设备，可以用来测量大气湍流和大气波导，使用时需要利用升降杆或塔体作为测试平台。然而，微波折射率仪直接测量技术升降装置架设条件高，不适宜在海上或舰艇上进行大规模安装，无法满足海上测量需求，而且单台设备只能监测本地波导信息，大范围实时监测需要部署多台设备，成本较高。

2)空载平台直接测量技术

该技术选用直升机、无人机等可进行长时间滞空的平台，吊放轻便型的气象传感器，对特定航线或指定空域的气温、气压、湿度等气象要素进行采集，通过上述气象要素与大气折射率的关系绘制出大气修正折射率剖面，最终得到大气波导的监测结果。然而，直升机起降、无人机释放与回收受风、海浪条件影响较大，不能做到全天候监测；直升机、无人机在盘旋时，其桨叶会对下方的气流产生影响，测量的数据易受污染。此外，直升机运行成本高，无人机滞空时间短，因而无法满足实时大范围海域的监测要求。

3)便携式探空火箭弹直接测量技术

便携式探空火箭弹主要由低空探空火箭(含传感器)、发射分系统和接收处理分系统组成。探空火箭发射升空达到最高点时，降落伞打开，传感器在缓慢下降过程中把测量到的气温、相对湿度以及气压数据通过无线电回传至接收处理分系统，再利用公式获得实际大气修正折射率数据和大气波导环境信息。然而，海洋上火箭弹的发射受风、海浪条件影响较大，现有舰船装载能力无法满足实时大范围海域的测量需求。

4)气象探空球直接测量技术

搭载测量气温、气压、湿度等传感器的气象探空球可分为两种：一种是GPS探空球，可以测量30km以下的温度、湿度、气压、风速和风向等气象要素，经过处理后可得到大气波导环境参数信息；另一种是系留式探空球，通过固定高度或上下移动对气温、相对湿度和气压等气象参数进行测量，进一步可换算为大气修正折射率及其剖面。然而，GPS探空球升速快，数据采集的分辨率无法满足研究使用需求，且在海上释放受气象条件影响偏大；系留式探空球升降受风、海浪条件影响较大。此外，现有舰船装载能力无法提供大量气瓶，不能支撑两种气象探空球进行实时大范围海域的测量需求。

5)岸基气象梯度仪直接测量技术

岸基气象梯度仪是以铁塔为搭载平台，由一定数量并满足测量精度、采样时间、分布间隔等基本要求的温度、海表温度、气压、湿度、风向和风速等气象水文传感器、数据采集器、电源模块、主机控制系统等组成的专用测量设备，可以采集沿岸蒸发波导信息。然而，安装平台无法在海上进行大规模架设，无法支持开展实时大范围海上大气波导测量。

2. 模型诊断技术

模型诊断技术是基于近地层莫宁-奥布霍夫（Monin-Obukhov，MO）相似理论，利用测量得到的海表温度和海上某一高度上的风速、相对湿度等数据直接计算出蒸发波导高度、修正折射率剖面等所需的波导特征信息。然而，模型诊断技术只能诊断蒸发波导，进行实时大范围蒸发波导的监测需要同时输入各个海域的气象水文数据，目前无法提供。

3. 反演监测技术

1)基于激光雷达的反演监测技术

激光雷达可以基于振动拉曼和纯转动拉曼原理分别反演温度廓线和水汽混合比廓线，因此具有采集大气波导信息的能力。然而，海上雨雾等气象条件会影响监测效果，且单套设备价格较贵，实时大范围海域监测成本较高。

2)基于微波辐射计的反演监测技术

微波辐射计能够接收仪器上空大气辐射信号的总和，利用反演算法得到大气温度、湿度随高度分布的曲线，进而得到大气修正折射率剖面和大气波导环境信息。然而，海上雨雾等气象条件容易影响监测结果。此外，微波辐射计在反演某地的大气波导时需要基于该地多年的历史气象水文信息进行反演,如果历史资料欠缺,则会导致反演精度下降,而海上这种资料是欠缺的。同时,微波辐射计单价较贵,实时大范围海域监测花费较高。

3)基于雷达海杂波的反演监测技术

大气波导的出现可以使雷达海杂波强度发生显著改变,即海杂波信号与波导之间存在一定的相关性。利用这种相关性,通过合理的反演可以得到不同方向上的大气波导数据。然而,基于雷达海杂波的反演监测技术对雷达的波束宽度、工作方式等方面有要求,并非所有舰载雷达均能满足这些要求。此外,进行实时大范围海域监测时需要雷达频繁开机,军事保密性较差。

4)基于全球卫星导航系统(GNSS)的反演监测技术

当GNSS卫星发出的电磁波经过地球大气层时,会受到大气折射效应的影响而使传播轨迹发生弯曲,因此,可以利用这种变化所"携带"的大气折射信息反演出大气波导。然而,基于GNSS的反演监测技术对卫星以及接收位置有一定的要求,同时需要高灵敏度接收机,现有舰载接收机无法满足;对低空大气波导的反演精度较弱,无法提供中低空垂直方向上高分辨率的大气波导信息。此外,进行实时大范围海域监测时要求在每个点上均能接收到全方向的GNSS信号,目前无法满足。

值得注意的是,虽然国内外研究人员开展了多种大气波导监测技术研究,丰富了大气波导的监测手段,但在实际运用中仍存在不足,具体表现如下:

(1)"由陆到海"的拓展能力不足。为了实现对大范围海域实时监测大气波导的能力,要求现有监测技术既能采集沿岸海域的波导数据,又能采集开放海域的波导信息。然而,现有监测技术的对"海"适应能力参差不齐,无法满足海上大气波导的监测需求。

(2)"由点到面"的应用能力不足。对大气波导的监测不仅需要测量单点的波导数据,还需要测量大范围海域的波导信息。然而,现有监测技术的对“面”适应能力不足，无法满足大气波导的监测需求。

鉴于此，需要寻找新的途径来弥补现有监测技术的不足，满足海上大气波导实时监测的需求。

1.2.2 AIS 信号传播特性的研究历史与现状

大气波导条件下 AIS 信号的传播特性决定了 AIS 信号反演大气波导方法的可行性。为了进行波导反演，首先必须证明 AIS 信号的传播会受到大气波导的影响。其次，对于反演来说，必须建立 AIS 信号正向传播模型，这是反演流程中必不可少的一步。然而，分析海上大气环境对 AIS 性能影响的研究不是很多，对 AIS 信号传播模型的研究更少。2006 年，Lessing 等将 AIS 设备安装在自主气象浮标上以用于海上态势感知，通过对系统进行测试，发现在正常情况下可以探测到 25n mile 处的船只；然而，在大气波导条件下或在有利于对流层散射的天气条件下，可以探测到距离气象浮标 400n mile 处的船只。2007 年，国际电信联盟研究了 4 种提高岸基 AIS 海岸站探测能力的方法：将 AIS 接收机安装在钻井平台上，虽然可以大大扩展主要港口周围的 AIS 探测距离，但是具有较大的位置限制；将 AIS 接收机安装在天气浮标上，虽然天气浮标分布广泛，但是沿着主要海岸线的分布比较稀疏，可以提供有限的长距离探测；利用对流层散射传播机制能够使 AIS 的探测距离变为 100～200km，但是需要对 AIS 接收机和天线设计进行大规模地升级改造；利用大气波导传播机制进行长距离探测，通过外场试验发现大气波导传播能够提高 AIS 的探测距离，有时甚至能够达到几百千米。2009 年，Vesecky 等使用自动识别系统监测沿海船舶，发现可以接收到几百千米外船舶发射的 AIS 信号。2011 年，Green 等研究了影响 AIS 信号在海上大气环境传播的因素，发现 3 种主要现象能够影响 AIS 信号的传输：海上衍射现象、大气波导现象和多径现象。其中，海上衍射和大气波导现象都能够扩展 AIS 信号的传播距离，而多径现象能够使 AIS 信号强度产生较大的变化。同时指出对于分析 AIS 信号的传播来说，抛物方程方法可能是最适合的。2016 年，荷兰乌特勒支大学(Utrecht University)的 Bruin 研究了北海天气环境对 AIS 性能的影响，并采用高级折射效应预测系统(advanced refractive effects prediction system，AREPS)分析了各种大气波导条件下 AIS 信号的传播特性。研究发现，在春季和夏季出现频次很高的抬升波导和表面波导能够扩展 AIS 的探测距离，在夏季最强烈的蒸发波导对 AIS 的传播基本上没有什么影响，而标准大气条件下 AIS 的探测距离最小。2016 年，Mazzarella 等利用 AIS 基站接收到的信号强度信息进行异常检测，通过试验发现在大气波导条件下甚至可以接收到 1000km 以外船舶发射的 AIS 信号，并在 2017 年利用射线追踪模型对 AIS 信号的传播进行了建模分析。

国内同样对 AIS 信号的传播特性进行了一定的研究。2014 年，大连海事大学的邵立杰将 Longley-Rice 模型用于分析海面环境下 AIS 信号的传播。2017 年，杨琴通过搭建的 VHF 信号传播测量平台获取的实测数据分析了沿海 VHF 信号传播特征。2017—2018 年，王晓烨等研究了 AIS 多径信号海面传播特性。

综上所述，目前国内外关于 AIS 信号在大气波导条件下传播模型的研究成果较少，仍存在以下两点不足：一是虽然观测到 AIS 信号的超视距传播现象，但是并没有建立相应的传播模型；二是虽然提出了一些经验模型，但是均没有考虑大气波导的影响。因此，对大气波导条件下 AIS 信号传播模型仍需进行深入研究。

1.2.3 大气波导反演算法的研究历史与现状

大气波导反演是一个反问题，需要利用各种优化算法进行波导参数寻优，从而获取波导特征参数信息。2001－2003 年，Gerstoft 等利用模拟退火/遗传算法从观测到的雷达海杂波数据反演波导折射率参数。2006 年，Yardim等利用马尔可夫链蒙特卡罗抽样算法对雷达海杂波估计折射率剖面技术进行了不确定性分析，2007 年又在此基础上利用遗传-马尔可夫链蒙特卡罗混合算法反演大气波导参数，在 2009 年将贝叶斯估计算法与气象统计量结合起来反演大气波导，并与非贝叶斯估计算法的反演性能进行了比较。2007 年，Vasudevan 等利用非线性递归贝叶斯状态估计算法对获取的实测海杂波数据进行了大气波导反演，Isaakidis 等通过构造一个人工神经网络模型预测对流层表面波导现象的发生。2007－2010 年，Douvenot 等将最小二乘支持向量机算法和“改进最佳拟合”(improved best fit，IBF)方法应用于海杂波反演大气波导技术以实现实时反演。2011 年，Valtr 等采用匹配场(matched field)技术对大气折射率剖面进行反演。2015 年，Tepecik 等利用人工神经网络算法反演大气修正折射率剖面，2018 年在此基础上将遗传算法与人工神经网络算法进行混合以实现大气波导的反演。2018 年，Penton 等利用遗传算法分析了粗糙海面对蒸发波导大气修正折射率剖面反演的影响。

国内对大气波导反演研究的起步比较晚，但近年来也开展了大量的相关研究。2009－2010 年，西安电子科技大学的王波、李宏强、杨德草、韩星星、郝永生、刘金海、杨超分别利用粒子群算法、蚁群算法、遗传算法、模拟退火算法、粒子群算法和遗传算法相结合的混合算法、神经网络算法、协同粒子群算法和最小二乘支持向量机算法实现雷达海杂波反演大气波导。2009－2016 年，解放军理工大学的盛峥、黄思训、赵小峰、何然、郑琴、张志华分别利用遗传算法、贝叶斯-蒙特卡罗算法、变分伴随正则化方法、模拟退火算法、变分伴随方法、扩展卡尔曼滤波算法、不敏卡尔曼滤波算法、粒子滤波算法、遗传算法结合正则化方法、贝叶斯-马尔可夫链蒙特卡罗算法、粒子滤波与粒子群算法结合方法、伴随正则化方法、Lévy 飞行粒子群算法和基于交叉算子的动态自适应布谷鸟搜索算法进行了海杂波反演大气波导研究。2010 年，中国海洋大学的孟书生利用粒子群算法反演了大气波导参数。2011—2014 年，海军工程大学的左雷、周沫分别利用免疫算法、遗传算法和模拟退火/遗传算法实现海杂波反演大气修正折射率剖面。2013 年，解放军信息工程大学的庞佳珪利用粒子群算法反演对流层波导特性。2013—2015 年，海军航空工程学院的程焕、吕雍正将蚁群算法、直接支持向量机算法用于解决蒸发波导参数反演问题。2013 年，西安邮电大学的杨超利用人工蜂群算法估计蒸发波导和表面波导折射率剖面，并对用于蒸发波导估计的机器学习算法进行了对比分析，在此基础上于 2016 年将基于反向学习的人工蜂群算法应用于表面波导反演问题，并在 2018 年分别将基于正交试验设计的正交交叉人工蜂群算法和改进回溯搜索算法应用于雷达海杂波反演大气波导研究。2018 年，西北工业大学的张琪等将排斥粒子群算法应用于蒸发波导折射率结构的估计，西安电子科技大学的郭晓薇等利用深度学习算法研究海杂波反演大气折射率剖面问题。

综上所述，当前国内外用于解决大气波导反演问题的优化算法主要包括两大类：传统智能算法，如遗传算法、粒子群算法、免疫算法、模拟退火算法、蚁群算法、人工蜂群算法以及它们之间的混合算法等；机器学习算法，如支持向量机算法、人工神经网络算法和最新的深度学习算法。这些优化算法在反演的准确性、实时性等方面各有不同，因此，需要评估各类优化算法的反演性能，从中选出性能最佳的算法用于 AIS 信号反演监测大气波导研究。

第2章 大气波导条件下AIS信号的传播特性

20世纪90年代，为了提高海上航行安全、海上交通控制能力和海上贸易效率，国际海事组织引入了船舶自动识别系统（automatic identification system，AIS）。AIS的主要功能是促进船舶之间、船舶与海岸台站之间导航数据和航行数据的有效交换。作为一种避碰系统，AIS只需要进行视距通信。然而，在对流层波导等有利大气条件下，AIS的作用距离将大大增加，甚至可以进行超视距通信。

本章主要对大气波导条件下AIS信号的传播特性进行研究。首先介绍AIS的组成结构以及对流层大气波导的基本概念；然后借助于抛物方程，建立AIS信号在大气波导环境中的正向传播模型；最后通过仿真分析蒸发波导、表面波导、抬升波导和混合波导对AIS信号传播的影响，为利用AIS信号反演监测大气波导提供理论依据。

2.1 船舶自动识别系统

2000年，作为《海上生命安全条例》（SOLAS）的一部分，船舶自动识别系统被国际海事组织添加到若干类船舶的导航运输要求中，包括300t（毛重）以上的国际航行船舶、500t（毛重）以上的货船以及所有客轮，并于2004年12月31日全面生效，该系统被称为A类AIS。在2007年，为包括游船在内的小型船只引进了B类AIS。A类AIS的发射功率比B类AIS高，它们的发射功率分别为12.5W和2W。A类AIS是国际海事组织规定的所有船舶必须强制使用的系统，可以在两个信道上同时进行接收和发射，并为用户提供全部的功能和选项。B类AIS安装于一些SOLAS公约没有规定必须使用该系统，但船员希望传输其信息并从其他船舶那里接收信息的船舶。因为它们功能和选项减少，所以价格也相对较低，那些希望提高海上态势感知能力的船只都安装了B类AIS。A类和B类AIS完全兼容，从而使其可以相互接收和解码对方的信息。B类AIS通常比A类AIS包含更少的信息，但两者都提供了必要的安全信息。

AIS是为了海上导航的安全而建立的，以便为其他船只和位于其无线电作用距离内的海岸站提供船舶的实时时空定位。AIS能自动提供给安装AIS设备的其他船舶、海岸站和飞机许多有用信息，包括船舶身份、船舶类型、船舶位置、航线、航速、航行状态和其他安全相关信息。同时，AIS也可以从安装有AIS设备的船舶自动接收这些信息，对船只进行跟踪和监视，而且可以与岸基设备进行数据交换。除国际协议允许航行数据受到保护外，所有在航船舶均须保持其AIS设备一直处于工作状态。由于大量船只都安装有AIS，因此可以对海上交通状况进行大范围的实时监控。

在世界范围内为AIS指定了两个频率信道，这两个频率都位于甚高频带宽内，分别为VHF1(161.975MHz)和VHF2(162.025MHz)。每个AIS在任何时候都可以在这两个频率信道接收信息，而在发送信息的情况下将交替进行，这意味着如果在VHF1上发送一条信息，那么下一条信息将在VHF2上发送，反之亦然。AIS的参数概述如表2.1所示。

表 2.1　两类 AIS 的参数值

参数	A 类	B 类
功率(W)	12.5	2
频率(MHz)	161.975/162.025	161.975/162.025
天线增益(dBi)	2～5	2～5
天线类型	全向天线	全向天线
天线极化方式	垂直极化	垂直极化
系统损耗(dB)	3.6	3.6
接收机灵敏度(dBm)	－107(20% PER)	－107(20% PER)

AIS 基于时分多址(time domain multiple access，TDMA)技术组织信道分配，这意味着信息是在特定的时间段内发送的。TDMA 协议采用帧的概念避免来自不同船舶信号之间的相互干扰，每一帧包含 2250 个时隙，并且每 60s 重新分配一次，因此每个时隙的长度约为26.67ms。AIS 中的时隙按 0～2249 进行统一编号，并将时隙 0 和时隙 2249 分别定义为一帧的开始和结束。因为 AIS 有两个工作频率，所以每分钟共有 4500 个时隙可用。

为了避免信号量大时的混乱，需要采用各种方案以确保不同船舶的信号不会在同一时隙同时进行发送。为了有组织和有序地发送消息，已经为 AIS 制定了若干协议，其中最常用的是一种被称为自组织时分多址(self-organized time domain multiple access，SOTDMA)的技术协议。SOTDMA 协议使得 AIS 能够以自动方式管理操作，并且为海上通信网络所采用。在这种方法中，收发机在发射前主动寻找合适的空闲时隙。基站(船只或海岸站)管理它们自己的时隙预留以用于后续消息的传输，并且可以在发生时隙冲突时修改它们自己的预留时隙。当 AIS 作为地面传输系统运行时，SOTDMA 协议确保来自不同船只的信号之间不会互相干扰。SOTDMA 协议的原理如图 2.1 所示。

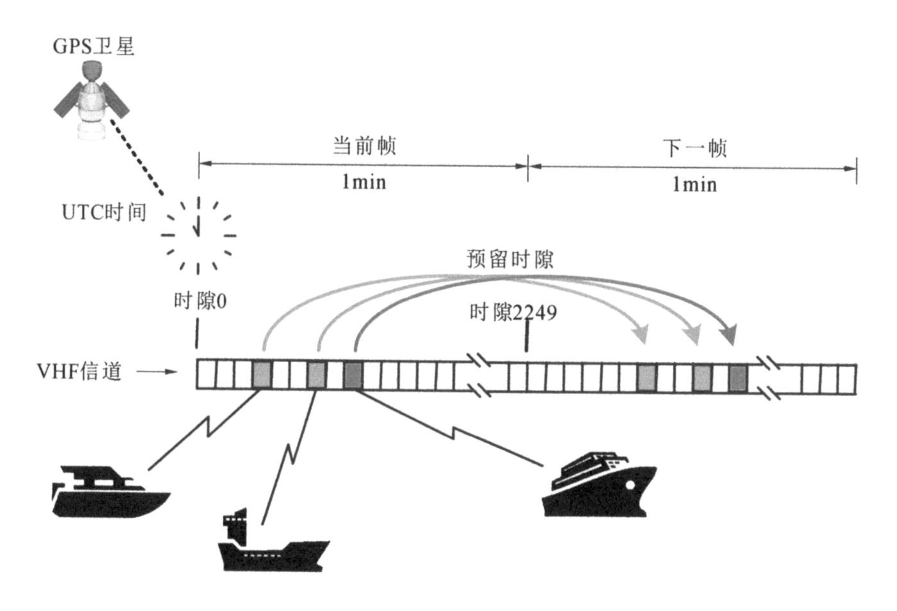

图 2.1 SOTDMA 协议原理

与大多数甚高频地面系统一样，AIS 通信的最大距离通常受视距和衍射传播机制的控制。对于 AIS 设备的典型技术参数来说，海上船与船之间最大可靠无线电通信距离为 20～25n mile。而天线架设高度比较高的海岸站，可以可靠地接收 20～35n mile 范围内船只发出的 AIS 信息，这主要取决于其高于海平面的天线高度。但在有利的传播条件下，如大气波导传播，AIS 的作用距离可能会更远。

2.2 对流层大气波导

大气折射是指由于沿着传播路径折射率的变化而引起的传播路径弯曲，是由氮气、氧气、二氧化碳和水蒸气等分子空气粒子引起的。可以利用斯涅尔定律来描述折射现象，它给出了两种介质间边界层折射角和入射角之间的关系。当其中一种介质是真空或空气时，大气折射指数 n 定义为

$$n = \frac{c}{v} \tag{2.2.1}$$

式中，c 为光速，v 为当前介质中的电磁波传播速度。

由于折射指数 n 通常接近于1，因此使用了一个更加实用的值，称为大气折射率 N，定义为

$$N = (n-1) \times 10^6 \tag{2.2.2}$$

它是无量纲的，虽然通常以N单位进行度量。

大气折射率 N 由气象条件决定，可进一步表示为

$$N = \frac{77.6}{T} \times \left(p + \frac{4810e}{T}\right) \tag{2.2.3}$$

式中，T 为大气温度，单位为K；p 为大气压强，单位为hPa；e 为水汽分压，单位为hPa。

为了考虑地球曲率的影响，描述大气折射率最常用的方法是用大气修正折射率 M 表示，M 与 N 之间的关系为

$$M = N + \frac{z}{r_e} \times 10^6 = N + 0.157z \tag{2.2.4}$$

式中，r_e 为地球平均半径，单位为m；z 为海拔高度，单位为m。

对流层折射在很大程度上影响着电磁波的传播。在标准大气中，电磁波传播路径倾向于向地球表面弯曲。在其他大气条件下，大气折射率可能不同，从而导致传播路径遵循不同的轨迹。如果传播路径向下弯曲到超过地球曲率的程度，它就被称为陷获折射。这种现象之所以被称为“陷获”，是因为电磁波被限制在大气的某个区域内，电磁波被限制的区域称为对流层大气波导。大气波导是传播机理中最显著的折射效应，对雷达、通信等无线电设备的性能有着显著影响。例如，大气波导可以改变电磁波正常的传播模式，并导致雷达探测距离的显著增加。

在海面上空通常会出现四类大气波导——蒸发波导(evaporation duct)、表面波导(surface duct)、抬升波导(elevated duct)和混合波导(combined duct)，而表面波导还可以进一步细分为标准表面波导(standard surface duct)和有基础层表面波导(surface-based duct)(图 2.2)。

由于相对湿度和温度随高度的快速变化，几乎在海洋和其他大型水域上方的任何地方都会出现蒸发波导。如图 2.2(b)所示，随着高度的增加，大气修正折射率先逐渐减小，达到蒸发波导高度后再逐渐增大。蒸发波导的高度通常为 0～40m，世界范围内的平均高度约为 13m，北半球的平均高度为 5m，而热带区域的平均高度可能会达到 18m。蒸发波导大气修正折射率剖面通常用对数函数进行表示：

$$M(z)=M_0+0.13z-0.13d\ln\left(\frac{z+z_0}{z_0}\right) \tag{2.2.5}$$

式中，M 为大气修正折射率；M_0 为海表面大气修正折射率；z 为海拔高度；z_0 为海面粗糙度长度，取常数 1.5×10^{-4}；d 为蒸发波导高度。

蒸发波导陷获电磁波的能力与电磁波的工作频率有关。频率越低，蒸发波导高度必须越大才能实现有效陷获。蒸发波导最小陷获频率的粗略近似，也被称为截止频率(cut-off frequence，CoF)，可表示为

$$\mathrm{CoF}=3.6\times10^{11}\times d^{-3/2} \tag{2.2.6}$$

式中，d 为蒸发波导高度，单位为 m。

对于大多数实际应用来说，电磁波能被蒸发波导陷获的频率下限为 3GHz，受影响最大的频率在 18GHz 附近。虽然更高的频率也会受到蒸发波导的影响，但由于衰减和粗糙表面的散射等其他传播机制的影响，其影响受到一定的限制。

虽然不如蒸发波导常见，但表面波导对电磁波传播的影响更大。在某些地区，表面波导出现的概率可能高达 58%。根据波导陷获层与地球表面的关系，表面波导可以分为两类：如果陷获层位于地球表面，则这种波导就被称为标准表面波导，如图 2.2(c)所示；如果波导是由一个抬升陷获层产生，而波导的底面仍然位于地球表面，这种类型的波导就被称为有基础层

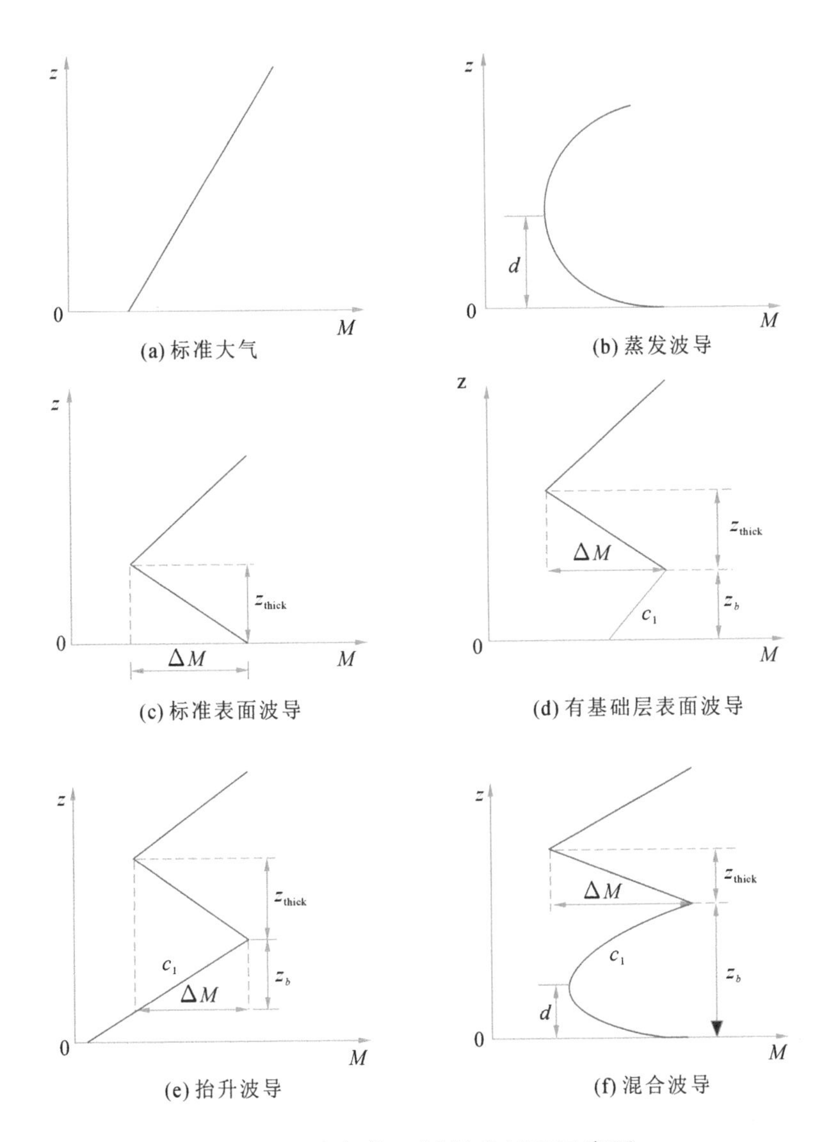

图 2.2　大气修正折射率剖面示意图

表面波导，如图 2.2(d)所示。表面波导通常使用四参数三折线模型进行描述，其数学表达式为

$$M(z)=M_0+\begin{cases}c_1 z, z\leqslant z_b \\ c_1 z_b-\Delta M\dfrac{z-z_b}{z_{\text{thick}}}, z_b<z<z_b+z_{\text{thick}} \\ c_1 z_b-\Delta M+0.118(z-z_b-z_{\text{thick}}), z\geqslant z_b+z_{\text{thick}}\end{cases} \tag{2.2.7}$$

式中，c_1 为波导底层斜率，z_b 为波导基底高度，z_{thick} 为波导陷获层厚度，ΔM 为波导强度。在波导基底高度 z_b 为 0 时，式(2.2.7)即可用来描述图 2.2(c)中标准表面波导的大气修正折射率剖面。

与蒸发波导不同，表面波导对电磁波的工作频率不是特别敏感。在频率大约为 100MHz 时，仍然可以增加电磁波的传播距离。由于表面波导可以在海洋上空延伸数百千米，并持续数天，而波导厚度可以达到几百米，所以大部分的超长距离传播都是由表面波导引起的。三折线表面波导的截止频率可表示为

$$\begin{cases} \mathrm{CoF} = 265 \dfrac{c}{H\sqrt{\Delta M}} \\ H = z_{\text{thick}}\left(1 - \dfrac{c_2}{c_1}\right) \end{cases} \tag{2.2.8}$$

式中，$c_2 = -\Delta M / z_{\text{thick}}$ 为波导陷获层斜率。

标准表面波导的截止频率可表示为

$$\mathrm{CoF} = 398 \frac{c}{z_{\text{thick}}\sqrt{\Delta M}} \tag{2.2.9}$$

当陷获层的高度很高且超折射不够强时，电磁波可能不会像在表面波导中那样完全向地球表面弯曲。在这种情况下，波导层不会向下延伸到地球表面，而是上升到地球表面之上，这种波导效应称为抬升波导，如图 2.2(e)所示。抬升波导的厚度从几百米到接近零米不等，最高可达 6km，但通常位于 3km 以下。与表面波导相比，抬升波导在热带高温带地区更为常见。抬升波导也通常使用四参数三折线模型进行描述，其数学表达式同式(2.2.7)。与表面波导类似，抬升波导对电磁波的频率也不是很敏感，可以对高于 100MHz 频率的电磁波传播产生影响，其截止频率表达式同式(2.2.8)。

有时海面上空会同时出现多个波导类型，如蒸发波导和表面波导同时存在的情况，这种波导效应称为混合波导，如图 2.2(f)所示。混合波导通常使用五参数折射率模型进行描述，其数学表达式为

$$M(z)=M_0+\begin{cases}M_1+c_0\left(z-d\log\dfrac{z+z_0}{z_0}\right),z<z_d\\ c_1 z,z_d\leqslant z<z_b\\ c_1 z_b-\Delta M\dfrac{z-z_b}{z_{\text{thick}}},z_b\leqslant z<z_b+z_{\text{thick}}\\ c_1 z_b-\Delta M+0.118(z-z_b-z_{\text{thick}}),z\geqslant z_b+z_{\text{thick}}\end{cases}\tag{2.2.10}$$

式中，$c_0=0.13$，$M_1=c_0 d\log z_d/z_0+z_d(c_1-c_0)$，$z_d$ 由下式确定：

$$z_d=\begin{cases}\dfrac{d}{1-c_1/c_0},0<\dfrac{1}{1-c_1/c_0}<2\\ 2d,\text{其他}\end{cases}\tag{2.2.11}$$

2.3 大气波导条件下AIS信号正向传播模型

为了将AIS应用于大气波导反演，需要分析海上大气环境对AIS信号传播的影响。由于AIS是单向通信系统，因此不涉及任何杂波。无论是对流层散射还是水汽凝结体引起的散射，或者电离层、流星痕迹和闪电等更为罕见的效应造成的散射，都不太可能会影响AIS信号的传播。此外，大气衰减对AIS的影响也可以忽略。虽然衍射在一定程度上可以扩大AIS信号的传输距离，但对流层波导对AIS性能的影响更大。因此，需要重点研究大气波导条件下AIS信号的传播特性。

2.3.1 抛物方程方法

抛物方程(parabolic equation，PE)方法可以准确地预测复杂环境中电磁波的传播特性，并且常用于电磁波传播问题的研究。对于分析 AIS 信号的传播来说，抛物方程方法可能是最合适的。抛物方程方法在所有传播距离上(视距以内、视距附近和超视距)都是有效且高效的，可以用来确定所有感兴趣区域中的电磁波场强。抛物方程方法的另一个优点是它被证明非常强大，因为它在任何实际大气环境中都是有效的。

精确求解麦克斯韦方程是确定雷达和无线电波传播的理想方法，然而，由于计算的复杂性和精确输入数据的大小限制，完全求解麦克斯韦方程是棘手的。因此，对麦克斯韦方程做了一个简化，即亥姆霍兹波动方程。为了在局地直角坐标系中描述二维标量亥姆霍兹波动方程，对传播问题做了以下假设：地球近似为平面，传播在一个圆锥中进行，其顶点位于信号的原点，且围绕一个首选方向，即旁轴方向。在此基础上，给出了局地直角坐标系中的亥姆霍兹波动方程：

$$\frac{\partial^2 \varphi(x,z)}{\partial x^2}+\frac{\partial^2 \varphi(x,z)}{\partial z^2}+k^2 n^2 \varphi(x,z)=0 \tag{2.3.1}$$

式中，x 为旁轴方向(距离)，z 为高度，$\varphi(x,z)$ 为水平极化或者垂直极化条件下的标量电场或者标量磁场，$k=2\pi/\lambda$ 为自由空间波数，n 为大气折射指数。

为了得到抛物方程，引入了一个与旁轴方向 x 相关的波函数 $u(x,z)$，即

$$u(x,z)=\frac{\varphi(x,z)}{e^{ikx}} \tag{2.3.2}$$

这个波函数在电磁波以接近旁轴方向角度传播距离上缓慢变化，这使它具有数值上的便利性。将 $u(x,z)$ 代入亥姆霍兹波动方程，可得

$$\frac{\partial^2 u}{\partial x^2}+\frac{\partial^2 u}{\partial z^2}+2ik\frac{\partial u}{\partial x}+k^2(n^2-1)u=0 \tag{2.3.3}$$

式(2.3.3)可以分解成

$$\left[\left(\frac{\partial}{\partial x}+ik(1+Q)\right)\left(\frac{\partial}{\partial x}+ik(1-Q)\right)\right]u=0 \tag{2.3.4}$$

式中，Q 为微分算子，可表示为

$$\begin{cases} Q = \sqrt{1+Z} \\ Z = \dfrac{1}{k^2}\dfrac{\partial^2}{\partial z^2} + (n^2-1) \end{cases} \tag{2.3.5}$$

基于式(2.3.4)，$u(x,z)$有两个线性无关的解，且满足伪微分方程：

$$\frac{\partial u}{\partial x} = -ik(1+Q)u \tag{2.3.6}$$

$$\frac{\partial u}{\partial x} = -ik(1-Q)u \tag{2.3.7}$$

它们分别对应于沿旁轴方向的后向传播波和前向传播波。这些伪微分方程在距离上是一阶的，它们合起来就是后向抛物方程和前向抛物方程。

在实际应用中，经常忽略后向传播波，而与之相对应的后向抛物方程，即式(2.3.6)亦被忽略掉。剩下的前向传播波可以通过对式(2.3.7)进行精确求解得到，即

$$u(x+\Delta x,z) = e^{ik\Delta x(-1+Q)}u(x,z) \tag{2.3.8}$$

式中，Δx 为距离步长。

对微分算子 Q 进行一阶泰勒展开近似，即 $\sqrt{1+Z} \approx 1+Z/2$，并忽略向后传播的电磁波，由此产生的标准抛物方程为

$$\frac{\partial u(x,z)}{\partial x} = \frac{ik}{2}\left[\frac{1}{k^2}\frac{\partial^2}{\partial z^2} + (n^2-1)\right]u(x,z) \tag{2.3.9}$$

需要注意的是，最初的 $u(x,z)$ 被定义为沿接近旁轴方向角度传播的电磁波的函数，这仍然是求解 $u(x,z)$ 的有效方案。为了保证解的准确性，传播角度通常应小于 15°。因此，标准抛物方程通常被称为窄角抛物方程。也可以通过对微分算子 Q 做更准确的近似产生宽角抛物方程，而宽角抛物方程通常用于高海拔雷达或在高坡度不规则地形上的传播建模。对于大气波导传播来说，传播角度通常小于 1°，所以本书只考虑窄角抛物方程，对

宽角抛物方程不再赘述。

求解抛物方程的数值方法主要可以分成三大类:有限差分法、有限元法和分步傅里叶变换法(split-step fourier transform,SSFT)。虽然每种方法都有其优点和缺点,且求解方法的选择取决于具体的问题,但 SSFT 算法已成为求解远距离对流层电磁波传播问题的首选方法,这是因为 SSFT 算法已被证明是向更远距离步进求解场强的最稳定和最有效的方法。因此,本书采用 SSFT 算法进行抛物方程的求解。

SSFT 算法从一个参考距离开始,通过增加距离进行迭代求解。标准抛物方程的分步傅里叶解可表示为

$$u(x+\Delta x,z)=\exp\left(ik(n^2-1)\frac{\Delta x}{2}\right)\mathfrak{I}^{-1}\left(\exp\left(-ip^2\frac{\Delta x}{2k}\right)\mathfrak{I}(u(x,z))\right) \tag{2.3.10}$$

式中,$p=k\sin\theta$ 为波数谱变量,θ 为传播角度,$\mathfrak{I}$ 和 $\mathfrak{I}^{-1}$ 分别表示傅里叶变换和逆傅里叶变换:

$$\begin{cases} U(x,p)=\mathfrak{I}\{u(x,z)\}=\int_{-\infty}^{\infty}u(x,z)e^{-ipz}\mathrm{d}z \\ u(x,z)=\mathfrak{I}^{-1}\{U(x,p)\}=\dfrac{1}{2\pi}\int_{-\infty}^{\infty}U(x,p)e^{ipz}\mathrm{d}p \end{cases} \tag{2.3.11}$$

2.3.2 天线初始场与边界条件

由于分步傅里叶变换法是通过步进求解电磁场分布的,所以初始场的确定非常重要,因为初始场将是整个求解过程的基础。因此,当利用抛物方程方法进行数值计算时需要知道天线初始场分布。根据镜像理论,天线初始场可表示为

$$U(0,p)=\mathrm{Norm}\left[f(p)e^{-iph_0}+|R|f(-p)e^{iph_0}\right] \tag{2.3.12}$$

式中,Norm 表示归一化因子,h_0 表示天线高度,R 表示海面反射系数,

$f(p)$表示天线方向图因子。

对式(2.3.12)进行傅里叶逆变换，可得天线初始场 $u(0,z)$：

$$u(0,z)=\mathrm{Norm}[A(z-h_0)+|R|A^*(z+h_0)] \tag{2.3.13}$$

式中，$A(z)$为天线口径场，可对天线方向图因子 $f(p)$进行傅里叶逆变换得到，即

$$A(z)=\frac{1}{2\pi}\int_{-\infty}^{+\infty}f(p)e^{ipz}\mathrm{d}p \tag{2.3.14}$$

对于全向天线来说，方向图因子 $f(p)$可表示为

$$f(p)=1 \tag{2.3.15}$$

此外，抛物方程在进行求解时需要满足一定的边界条件。在实际应用中，通常将海平面边界看成阻抗边界，因此需要满足 Leontovich 边界条件[106]，即

$$\frac{\partial u(x,z)}{\partial z}+\delta u(x,z)=0, z=0 \tag{2.3.16}$$

式中，δ 表示阻抗系数，可表示为

$$\delta=ik\sin\theta\left(\frac{1-R}{1+R}\right) \tag{2.3.17}$$

式中，θ 为电磁波掠射角。

对于粗糙海面传播来说，必须对光滑海面情况下的反射系数进行修正。根据 Kirchhoff 近似法，可得平均镜反射场 φ_e 为

$$\varphi_e=\varphi_0\int_{-\infty}^{+\infty}\exp(2ik\xi\sin\theta)P(\xi)\mathrm{d}\xi \tag{2.3.18}$$

式中，φ_0 为光滑海表面的镜反射场，$P(\xi)$为海浪高度 ξ 的概率密度函数。

因此，粗糙海表面的有效反射系数可表示为

$$R_e=\rho R \tag{2.3.19}$$

式中，ρ 为粗糙度衰减因子，对比式(2.3.18)可得

$$\rho=\int_{-\infty}^{+\infty}\exp(2ik\xi\sin\theta)P(\xi)\mathrm{d}\xi \tag{2.3.20}$$

可以看出，粗糙度衰减因子 ρ 主要取决于 $P(\xi)$。

目前最常用的近似模型是 Miller-Brown 模型。它不但可以快速计算粗糙海表面条件下的有效反射系数，而且计算精度高。因此，采用 Miller-Brown 模型计算粗糙度衰减因子 ρ。海浪高度 ξ 的概率密度函数$P(\xi)$可表示为

$$P(\xi)=\frac{1}{\pi^{3/2}h}\exp\left(-\frac{\xi^2}{8h^2}\right)K_0\left(\frac{\xi^2}{8h^2}\right) \tag{2.3.21}$$

式中，K_0 表示第二类零阶修正 Bessel 函数，$h=0.0051w^2$ 为海表面均方根高度，w 为风速。

将式(2.3.21)代入式(2.3.20)，可得粗糙度衰减因子为

$$\rho=\exp\left(-\frac{\gamma^2}{2}\right)I_0\left(\frac{\gamma^2}{2}\right) \tag{2.3.22}$$

式中，I_0 表示第一类零阶修正 Bessel 函数，$\gamma=2kh\sin\theta$ 为 Rayleigh 粗糙度参数。

因此，Miller-Brown 模型的粗糙海面有效反射系数可表示为

$$R_e=\exp\left(-\frac{\gamma^2}{2}\right)I_0\left(\frac{\gamma^2}{2}\right)R \tag{2.3.23}$$

2.3.3 AIS 信号正向传播模型

由于 AIS 是一种单向通信系统，它不涉及对目标信号的反射，根据电波传播理论，在距离 R 处天线接收到的单程信号功率 P_r 可表示为

$$P_r=\frac{P_tG_t}{4\pi R^2}\frac{\lambda^2G_r}{4\pi}F^2 \tag{2.3.24}$$

式中，P_t 为发射功率；G_t 为发射天线增益；G_r 为接收天线增益；λ 为波长；F 为传播因子，可表示为

$$F=\frac{|E|}{|E_0|}=\sqrt{x}\,|u(x,z)| \tag{2.3.25}$$

式中，E 为实际空间中任意点处的场强，E_0 为自由空间中距离相同处的场强，$u(x,z)$可由抛物方程求解得到。

传播损耗 PL 可表示为

$$\mathrm{PL} = \left(\frac{4\pi R}{\lambda}\right)^2 \frac{1}{F^2} \tag{2.3.26}$$

将传播损耗以 dB 进行表示，可得

$$\mathrm{PL}_{\mathrm{dB}} = 20\lg\left(\frac{4\pi R}{\lambda}\right) - 20\lg F \tag{2.3.27}$$

因此，接收到的 AIS 信号功率可表示为

$$P_r = \frac{C_1}{\mathrm{PL}} \tag{2.3.28}$$

式中，C_1 表示与 AIS 有关的常数。

将接收到的 AIS 信号功率以 dB 进行表示，可得

$$P_{r,\mathrm{dB}} = C_2 - \mathrm{PL}_{\mathrm{dB}} \tag{2.3.29}$$

式中，$C_2 = 10\lg C_1$ 为常数。

2.4 AIS 信号的大气波导传播分析

2.4.1 蒸发波导传播

海面上空出现蒸发波导的概率很高，对岸基、舰载或者低空机载通信和雷达等无线电系统的性能具有非常重要的影响。因此，本节将研究分析蒸发波导条件下 AIS 信号的传播特性。仿真参数：AIS 发射频率为 162MHz，发射天线高度为 10m，天线类型为具有垂直极化方式的全向天

线，天线仰角为0°。为了进行对比，首先给出了标准大气条件下AIS信号的传播损耗分布，如图2.3所示。从图中可以看出，标准大气条件下随着传播距离的增加，AIS信号的传播损耗迅速增大，不满足陷获条件，无法进行超视距传播。

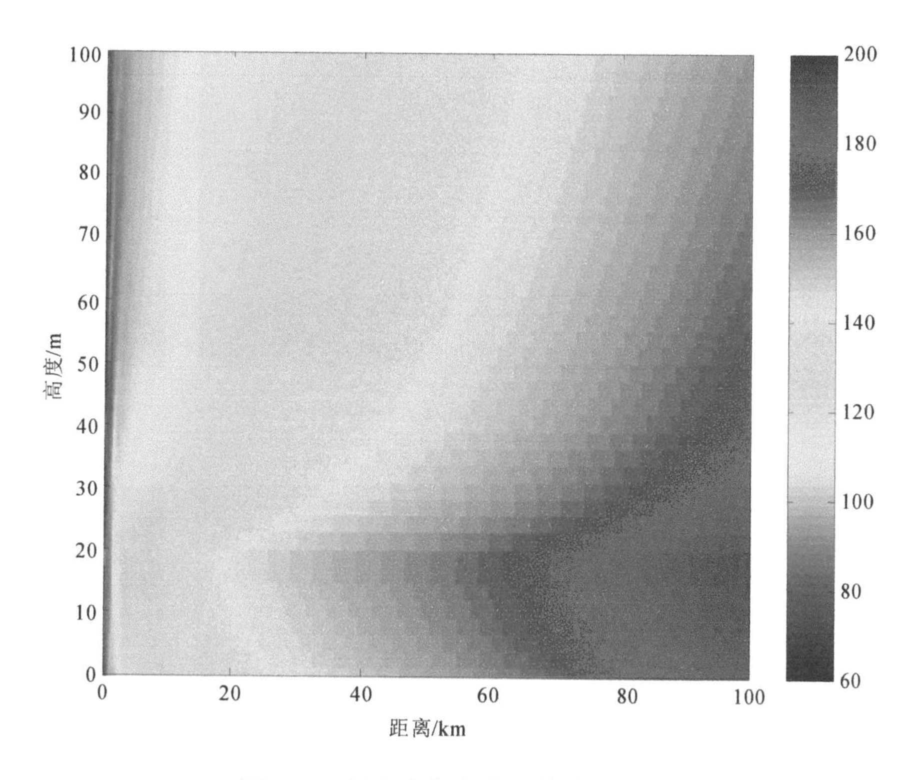

图2.3 标准大气条件下的传播损耗

为了研究AIS信号在不同蒸发波导高度情况下的传播特性，图2.4给出了蒸发波导高度分别为5m、15m、25m和35m时，AIS信号的传播损耗分布。

对比图2.3和图2.4可以看出，蒸发波导条件下AIS信号的传播损耗分布与标准大气基本相同，说明蒸发波导不能使AIS信号陷获在波导层内，因而无法实现超视距传播。此外，由图2.4可知，随着蒸发波导高度的增加，AIS信号的传播损耗略有减小，但总体来说区别不大，变化趋势基本一致，表明蒸发波导对AIS信号的传播影响很小。

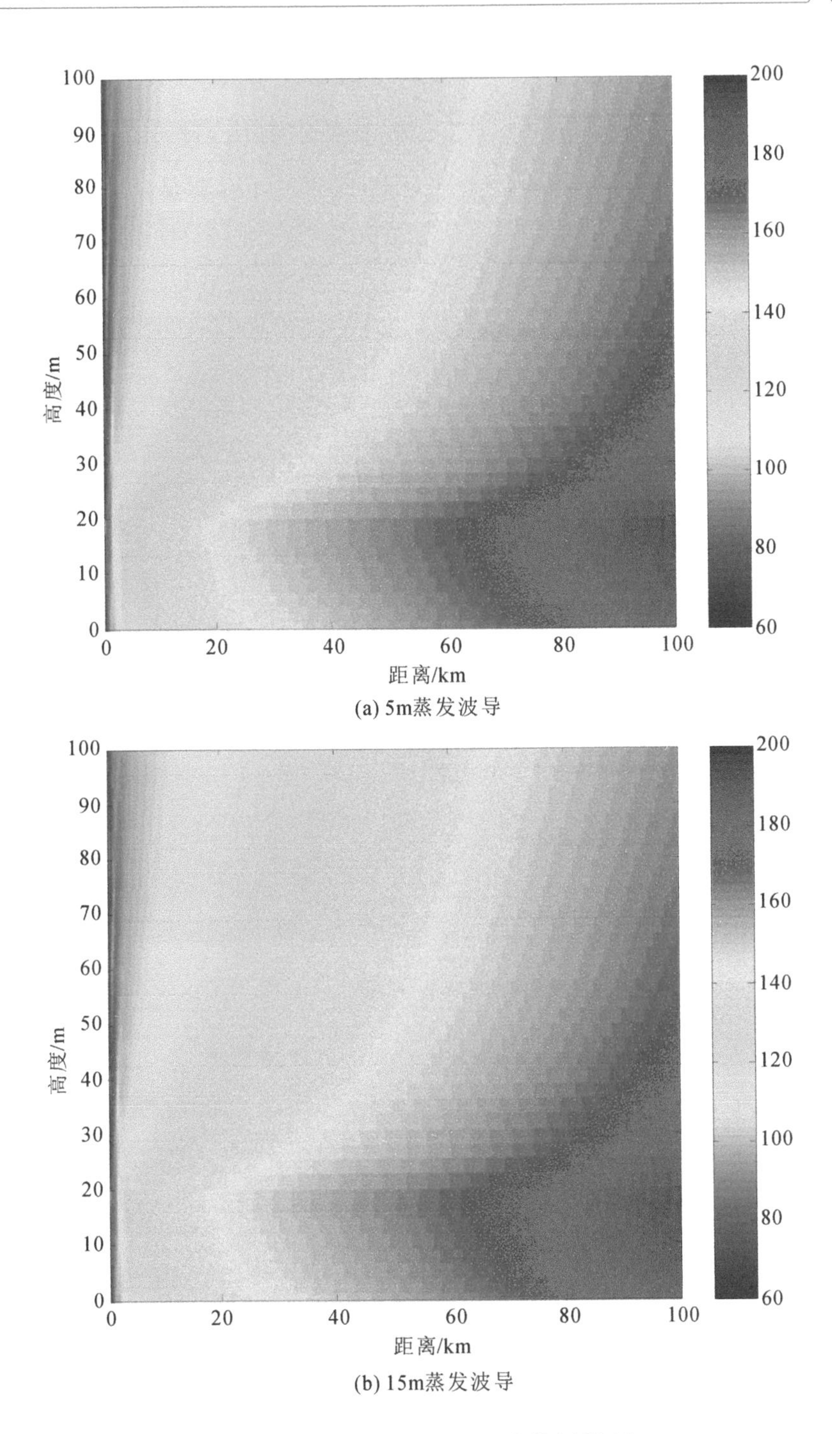

(a) 5m蒸发波导

(b) 15m蒸发波导

图 2.4　蒸发波导条件下的传播损耗

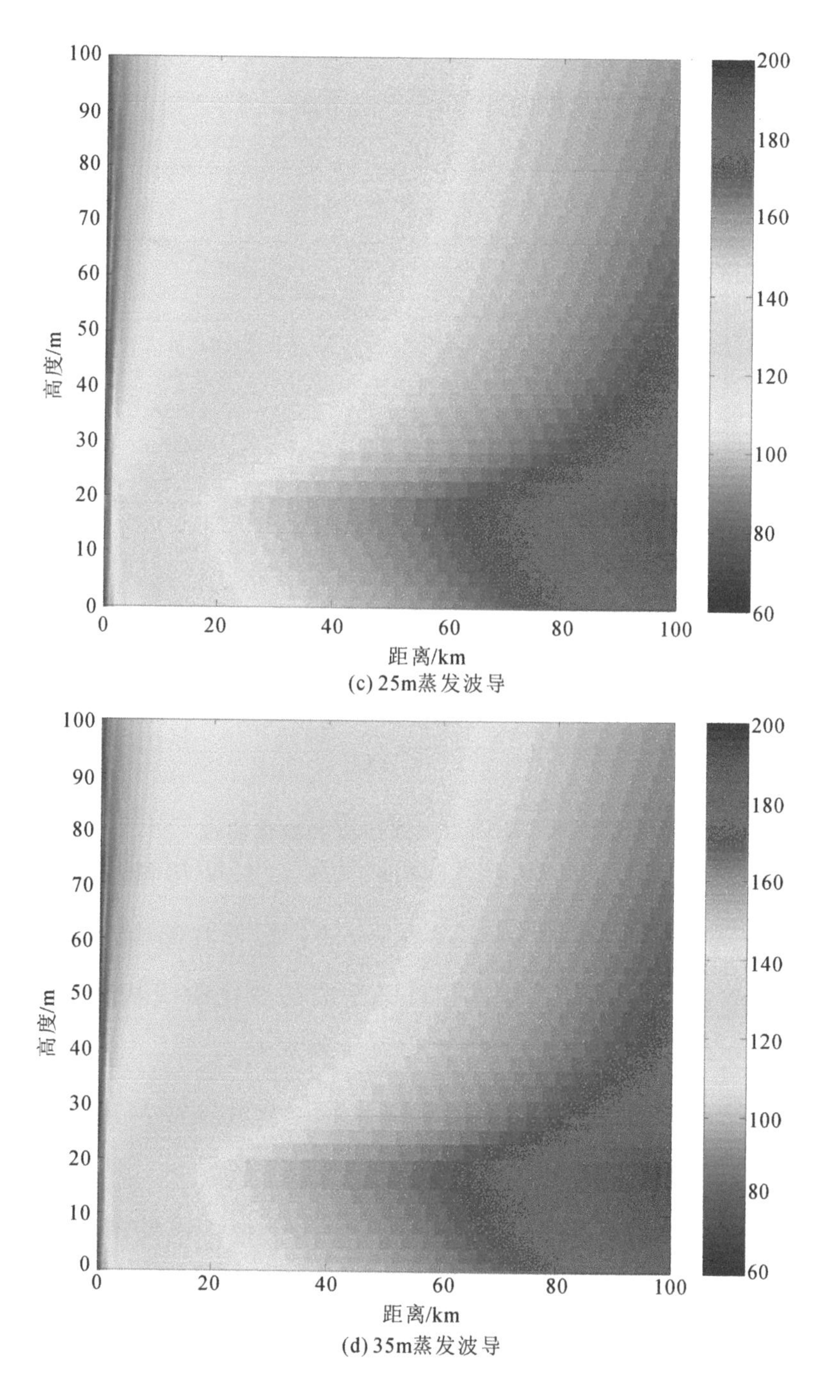

(c) 25m蒸发波导

(d) 35m蒸发波导

图 2.4 蒸发波导条件下的传播损耗(续)

为了更好地揭示蒸发波导对 AIS 信号传播特性的影响,下面分别给出 3 条典型 AIS 链路在不同蒸发波导高度情况下 AIS 信号传播损耗随距离的变化曲线。对于船-船链路来说，船载接收天线的高度通常为 10m，AIS 信号传播损耗随距离的变化曲线如图 2.5 所示。

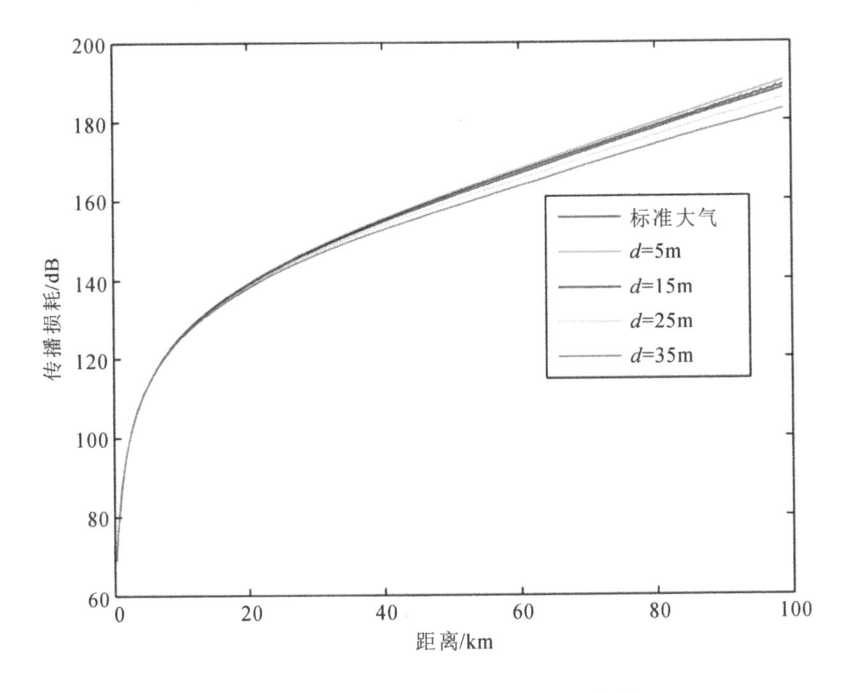

图 2.5　传播损耗随距离的变化曲线

从图中可以看出，随着距离的增加，AIS 信号的传播损耗逐渐增大。此外，随着蒸发波导高度的增加，AIS 信号的传播损耗略有减小，但不同蒸发波导高度条件下 AIS 信号传播损耗随距离的变化曲线基本一致，表明蒸发波导高度变化对 AIS 信号的传播特性影响不大。

图 2.6 给出了船-岸站链路 AIS 信号传播损耗随距离的变化曲线，岸站接收天线的高度通常比船载天线要高一些，取为 30m。

从图 2.6 可以看出，相比于图 2.5，随着接收天线高度的增加，AIS 信号的传播损耗略有减小。但是，不同蒸发波导高度条件下 AIS 信号的传播损耗随距离的变化趋势仍基本一致，表明 AIS 信号的传播受到蒸发波导的影响很小。

图 2.7 给出了船-天气浮标链路 AIS 信号传播损耗随距离的变化曲线。由于天气浮标的尺寸通常很小，所以接收天线的高度比船载天线和岸站天线都要低，取为 3m。

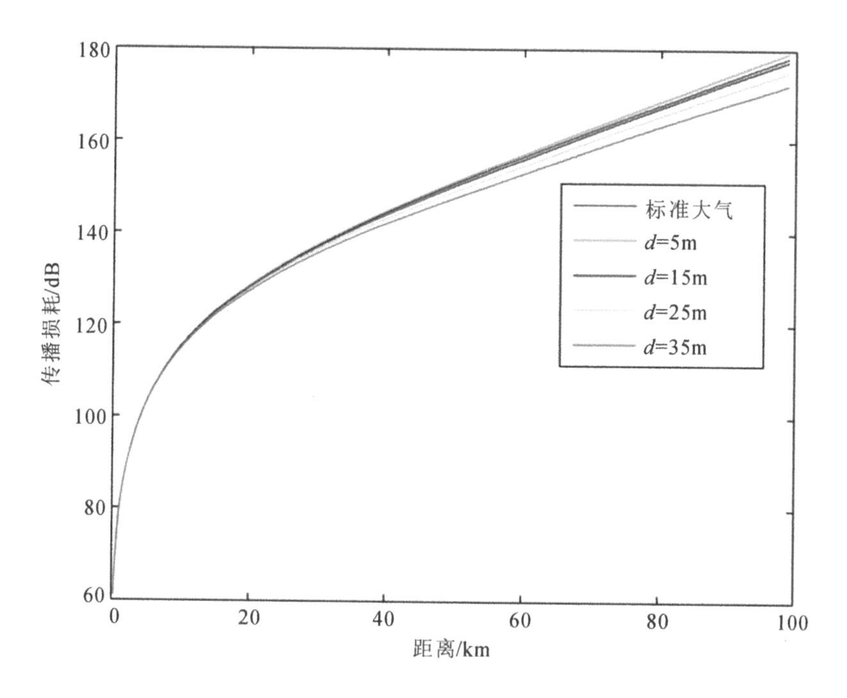

图 2.6 传播损耗随距离的变化曲线

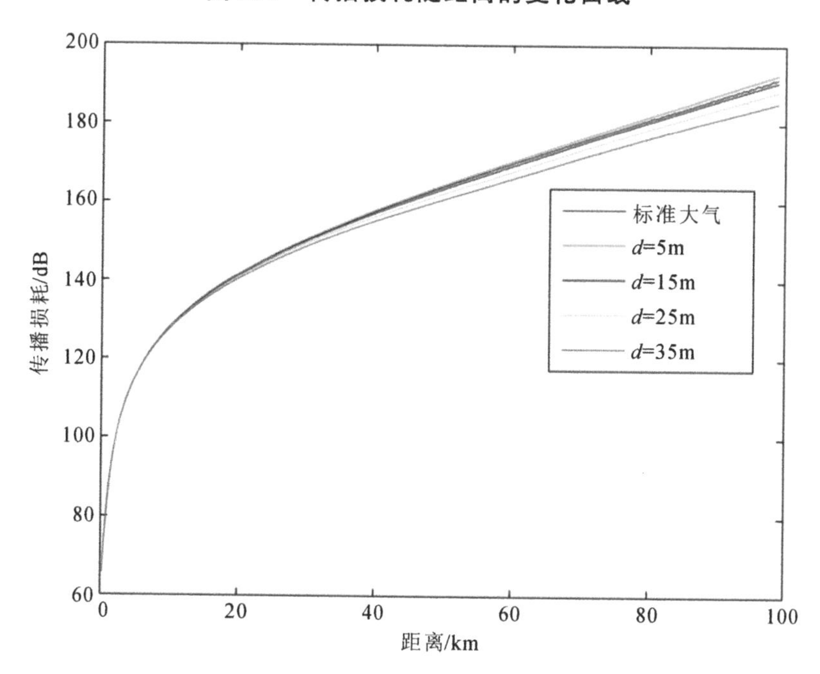

图 2.7 传播损耗随距离的变化曲线

从图 2.7 可以看出，相比于图 2.5 和图 2.6，由于接收天线比较低，AIS 信号的传播损耗略有增大。但是，不同蒸发波导高度环境中 AIS 信号传播损耗随距离的变化趋势基本一致,再一次验证了蒸发波导对 AIS 信号传播的影响很小的结论。

为了进一步分析蒸发波导对 AIS 信号传播特性的影响,给出了距离船载 AIS 发射天线 30km 处 AIS 信号传播损耗随高度的变化曲线,如图 2.8 所示。

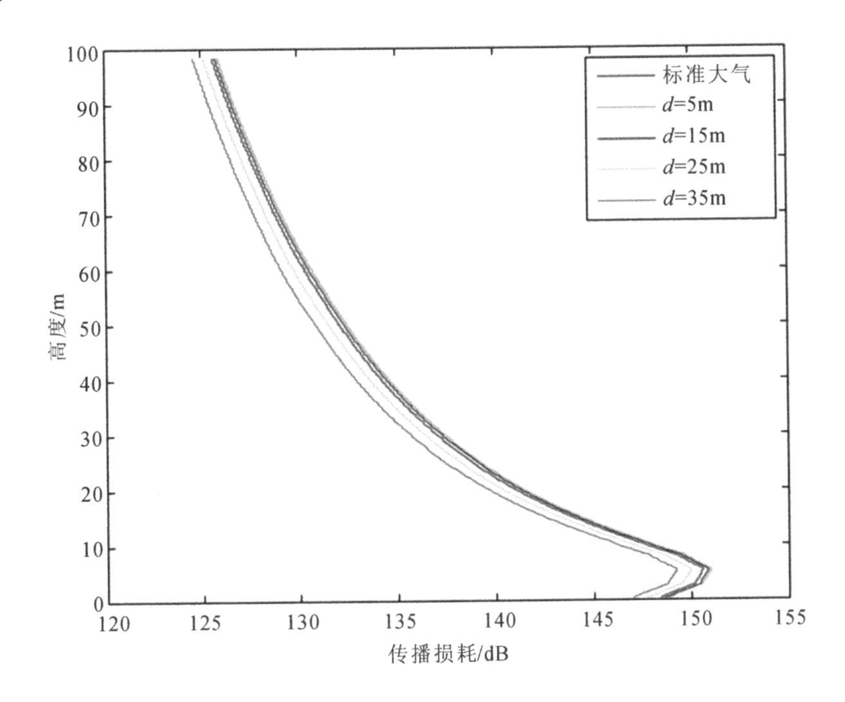

图 2.8 传播损耗随高度的变化曲线

从图 2.8 可以看出,随着接收高度的增加,AIS 信号的传播损耗先逐渐增大再逐渐减小,这是因为受到衍射传播机制的影响。与标准大气相比,蒸发波导条件下 AIS 信号的传播损耗略有减小。此外,随着蒸发波导高度的增加,虽然 AIS 信号的传播损耗进一步减小,但幅度很小。这说明蒸发波导对 AIS 信号的传播有一定的影响,但不是很明显。

由以上分析可知,蒸发波导对 AIS 信号传播特性的影响很小。因此,无法利用 AIS 信号反演监测蒸发波导。

2.4.2 表面波导传播

表面波导是通常发生于300m以下高度的一种大气波导，其陷获电磁波的能力强于蒸发波导，严重影响甚高频及以上频段的通信、雷达等电磁辐射设备的使用效能。根据我国沿岸观测站以及部分海上探空数据可以得到，我国海域表面波导的发生概率较高，且春夏交替时节更容易发生。因此，本节将研究分析表面波导条件下 AIS 信号的传播特性。仿真参数：AIS 发射频率为162MHz，发射天线高度为30m，极化方式为垂直极化。为了进行对比，首先给出了标准大气条件下 AIS 信号的传播损耗分布，如图2.9所示。

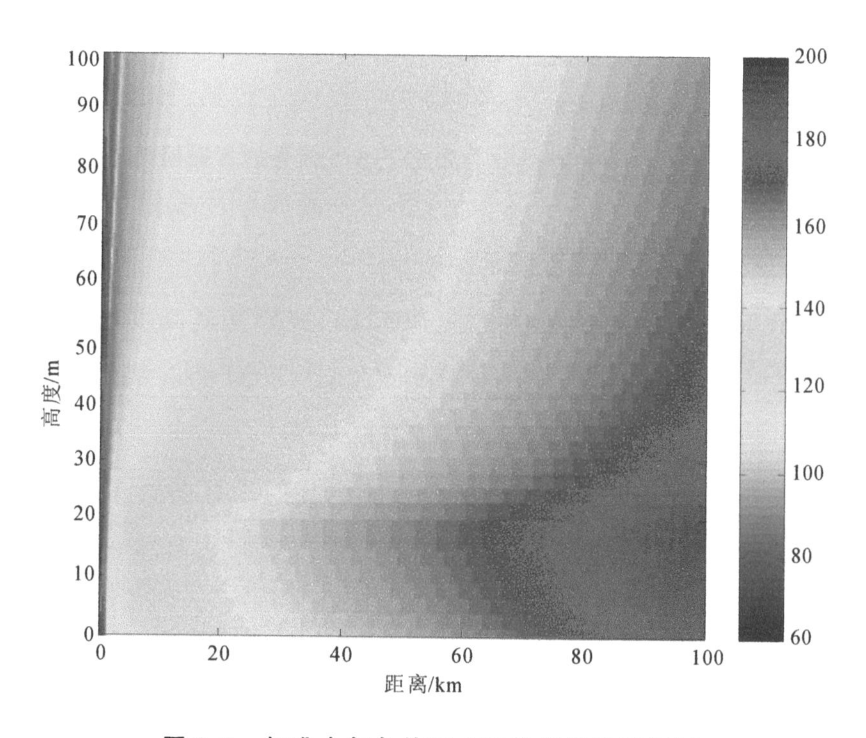

图 2.9 标准大气条件下 AIS 信号的传播损耗

图2.10为波导底层斜率 $c_1=0.118$、波导基底高度 $z_b=0\text{m}$、波导陷获层厚度 $z_{\text{thick}}=120\text{m}$、波导强度 $\Delta M=40\text{M}$ 的标准表面波导条件下 AIS 信

号的传播损耗分布。

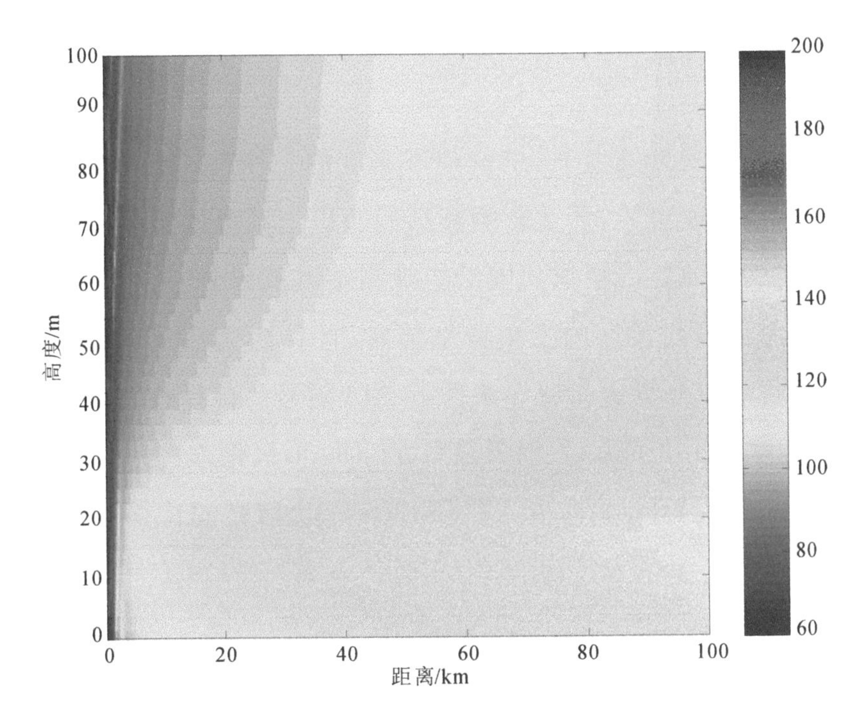

图 2.10　标准表面波导条件下 AIS 信号的传播损耗

对比图 2.10 和图 2.9 可以看出，标准表面波导环境中 AIS 信号的传播损耗大大减小，可以进行超视距传播。

图 2.11 给出了波导底层斜率 $c_1=0.118$、波导基底高度 $z_b=152.4\text{m}$、波导陷获层厚度 $z_{\text{thick}}=152.4\text{m}$、波导强度 $\Delta M=30\text{M}$ 的有基础层表面波导条件下 AIS 信号的传播损耗分布。

由图 2.11 可知，相比于图 2.9，有基础层表面波导条件下 AIS 信号的传播损耗大大减小，而且传播损耗分布也与标准大气条件下的传播损耗分布大不相同。

综上可得，表面波导对 AIS 信号的传播有很大的影响，可以使 AIS 信号进行超视距传播。根据 AIS 信号在标准大气和表面波导条件下传播特性的差异，可以利用 AIS 信号反演监测表面波导。

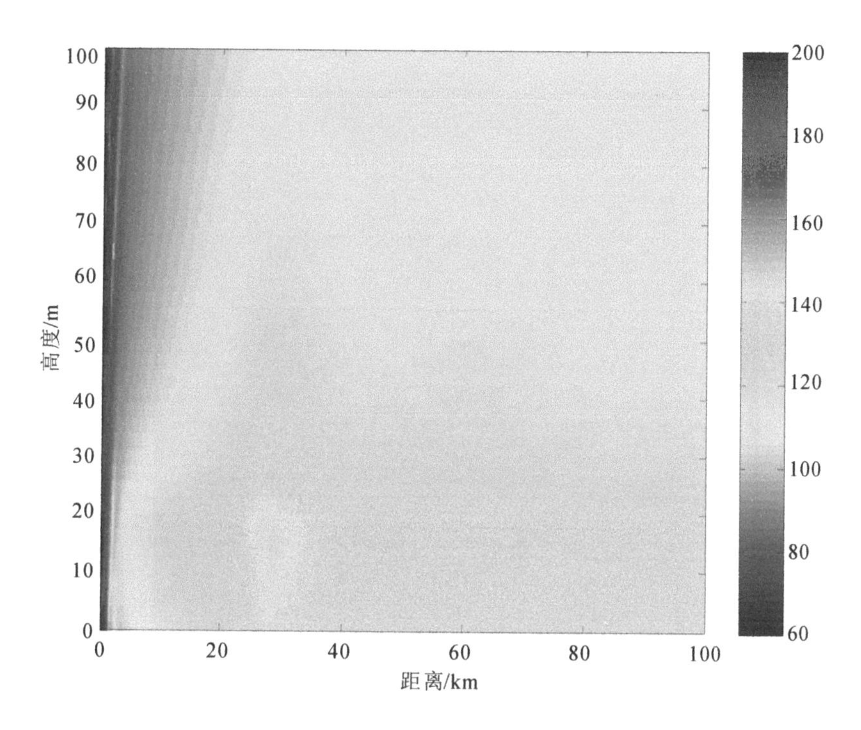

图 2.11 有基础层表面波导条件下的传播损耗

2.4.3 抬升波导传播

抬升波导可以对低至 100MHz 频率的电磁波传播产生影响，理论上也将影响 AIS 信号的传播。因此，本节将研究分析抬升波导条件下 AIS 信号的传播特性。仿真参数：AIS 发射频率为 162MHz，发射天线高度为 50m，极化方式为垂直极化。为了进行对比，首先给出了标准大气条件下 AIS 信号的传播损耗分布，如图 2.12 所示。

图 2.13 给出了波导底层斜率 $c_1=0.2$、波导基底高度 $z_b=200\text{m}$、波导陷获层厚度 $z_{\text{thick}}=100\text{m}$、波导强度 $\Delta M=20\text{M}$ 的抬升波导条件下 AIS 信号的传播损耗分布。

对比图 2.13 和图 2.12 可以看出，抬升波导条件下 AIS 信号的传播损耗分布与标准大气差别很大。虽然抬升波导高度较高，但是相比于标准大

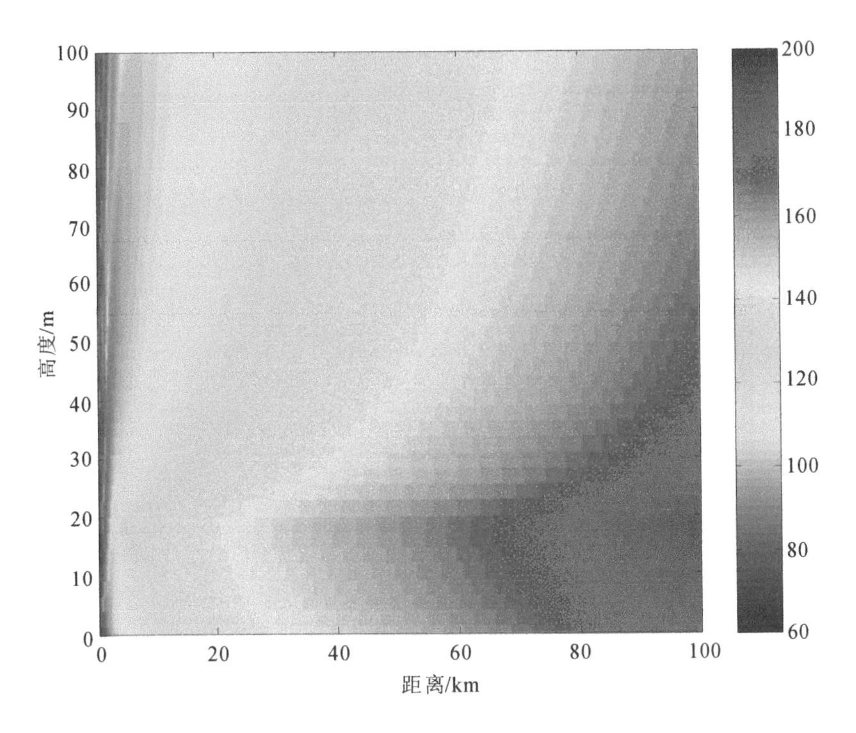

图 2.12　标准大气条件下的传播损耗

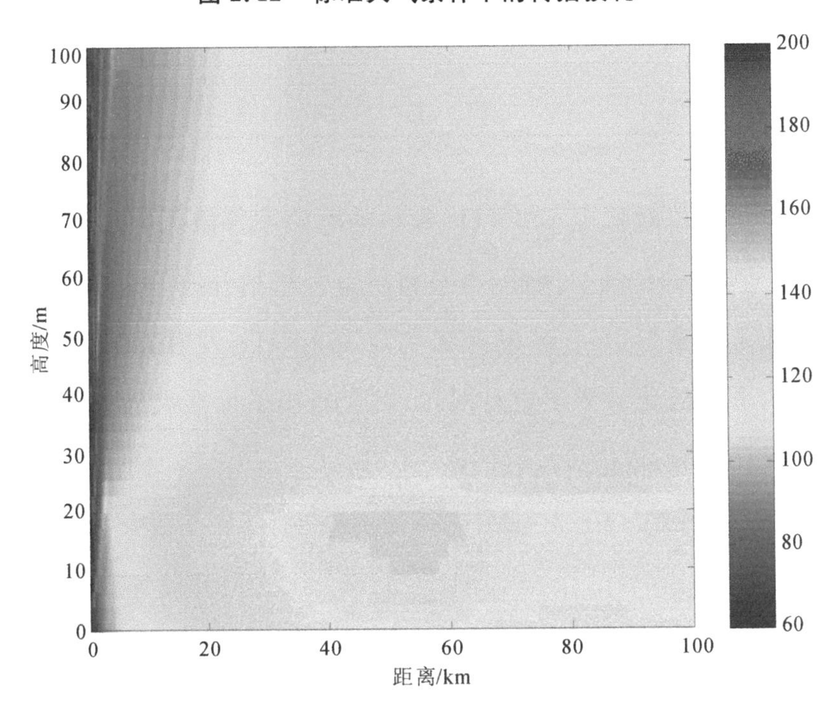

图 2.13　抬升波导条件下 AIS 信号的传播损耗

气，抬升波导环境中 AIS 信号的传播损耗仍然大大减小，可以进行超视距传播。

对于抬升波导来说，波导高度可能会达到几千米，这将大大减小其对位于海平面上空进行传播的 AIS 信号的影响。图 2.14 给出了波导底层斜率 $c_1=0.118$、波导基底高度 $z_b=2500\text{m}$、波导陷获层厚度 $z_{\text{thick}}=60\text{m}$、波导强度 $\Delta M=20\text{M}$ 的抬升波导条件下 AIS 信号的传播损耗分布。

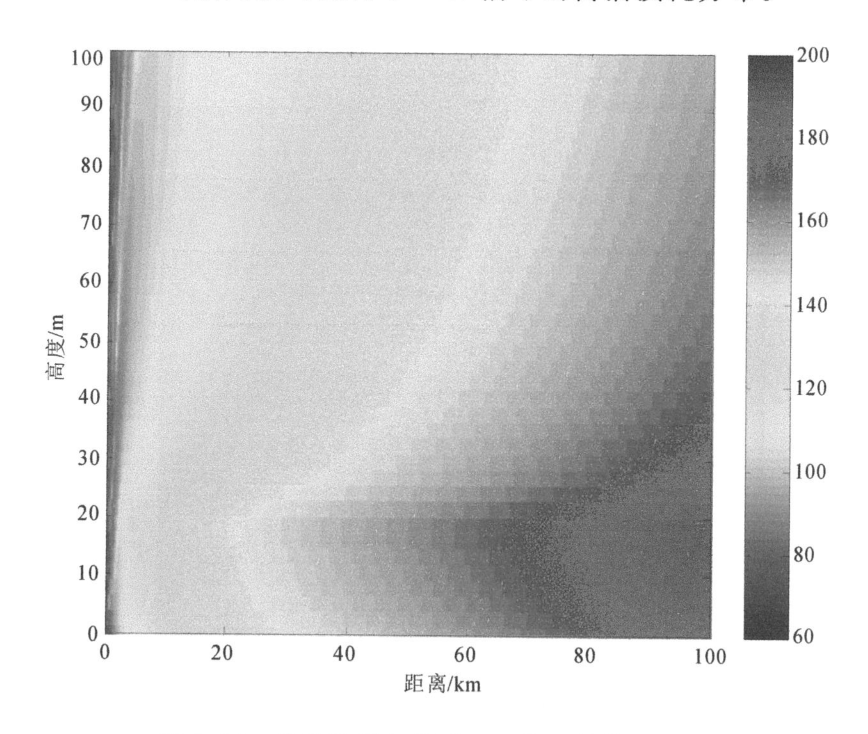

图 2.14　抬升波导条件下 AIS 信号的传播损耗

从图 2.14 和图 2.12 的对比中可以看出，虽然抬升波导条件下 AIS 信号的传播损耗比标准大气要小一些，但总体来说二者差别不大，说明此时抬升波导对 AIS 信号传播特性的影响很小，甚至可以忽略不计。

由以上分析可知，具有较低高度的抬升波导对 AIS 信号传播特性的影响不可忽略，这也意味着 AIS 信号可以用来反演监测抬升波导。然而，对于高度较高的抬升波导来说，其不会对海面上空 AIS 信号的传播产生较大的影响，这种情况下不能利用 AIS 信号反演监测抬升波导。

2.4.4 混合波导传播

海面上空有时会有多种类型大气波导同时出现的情况，本节将研究分析混合波导条件下 AIS 信号的传播特性。仿真参数：AIS 发射频率为 162MHz，发射天线高度为 10m，极化方式为垂直极化。为了进行对比，图 2.15 首先给出了标准大气条件下 AIS 信号的传播损耗分布。

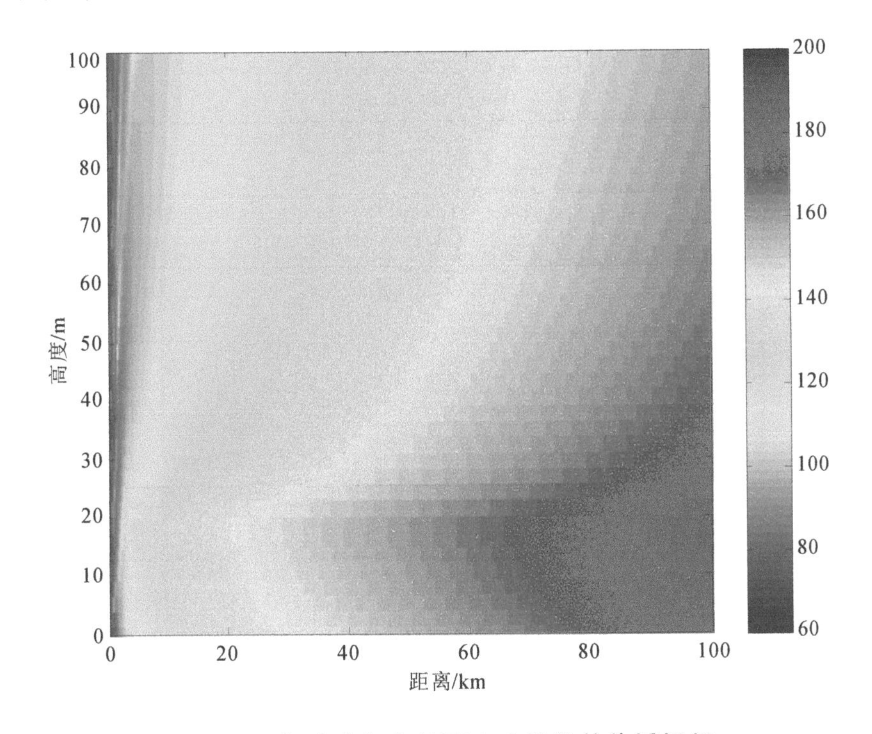

图 2.15 标准大气条件下 AIS 信号的传播损耗

接下来首先考虑波导类型为蒸发波导和有基础层表面波导相结合的混合波导，其具体参数为蒸发波导高度 $d=20$m、波导混合层斜率 $c_1=0.118$、波导基底高度 $z_b=152.4$m、波导陷获层厚度 $z_{\text{thick}}=152.4$m、波导强度 $\Delta M=30$M。图 2.16 为此种类型混合波导条件下 AIS 信号的传播损耗分布。

由图 2.16 可知，与标准大气相比，蒸发波导和有基础层表面波导相结合

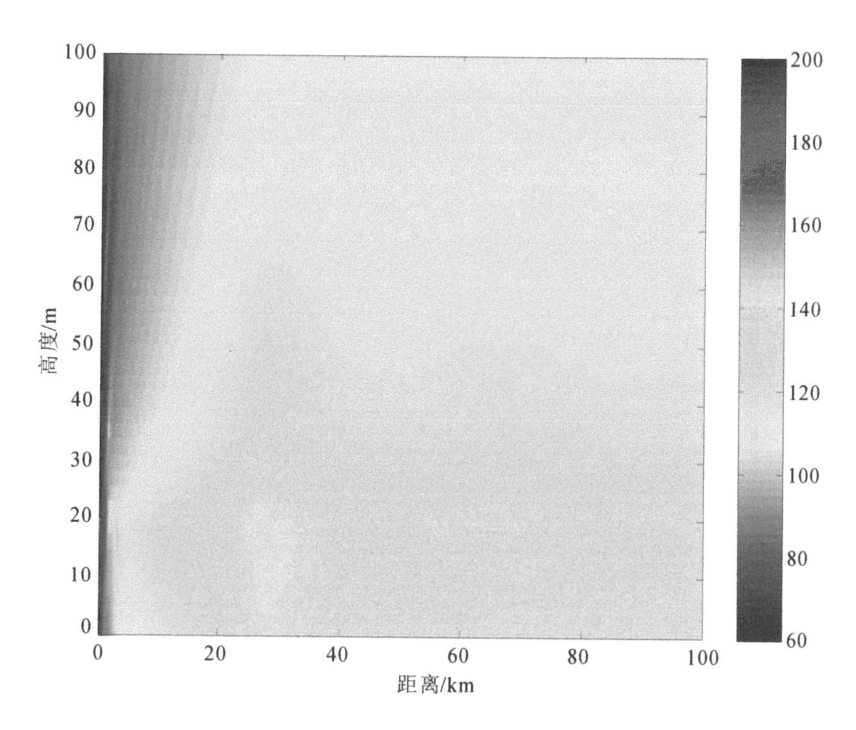

图 2.16 混合波导条件下 AIS 信号的传播损耗

的混合波导条件下 AIS 信号的传播损耗大大减小，可以进行超视距传播。

为了研究蒸发波导和有基础层表面波导相结合的混合波导条件下蒸发波导对 AIS 信号传播特性的影响，图 2.17 给出了波导底层斜率 $c_1=0.118$、波导基底高度 $z_b=152.4\text{m}$、波导陷获层厚度 $z_{\text{thick}}=152.4\text{m}$、波导强度 $\Delta M=30\text{M}$ 的有基础层表面波导条件下 AIS 信号的传播损耗分布。

对比图 2.17 和图 2.16 可以看出，蒸发波导和有基础层表面波导相结合的混合波导条件下 AIS 信号的传播损耗变化趋势与有基础层表面波导基本相同，进一步证明了蒸发波导对 AIS 信号传播特性影响很小的结论。

接下来研究波导类型为蒸发波导和抬升波导相结合的混合波导条件下 AIS 信号的传播特性，具体参数为蒸发波导高度 $d=20\text{m}$、波导混合层斜率 $c_1=0.2$、波导基底高度 $z_b=200\text{m}$、波导陷获层厚度 $z_{\text{thick}}=100\text{m}$、波导强度 $\Delta M=20\text{M}$。此种类型混合波导条件下 AIS 信号的传播损耗分布如图 2.18 所示。

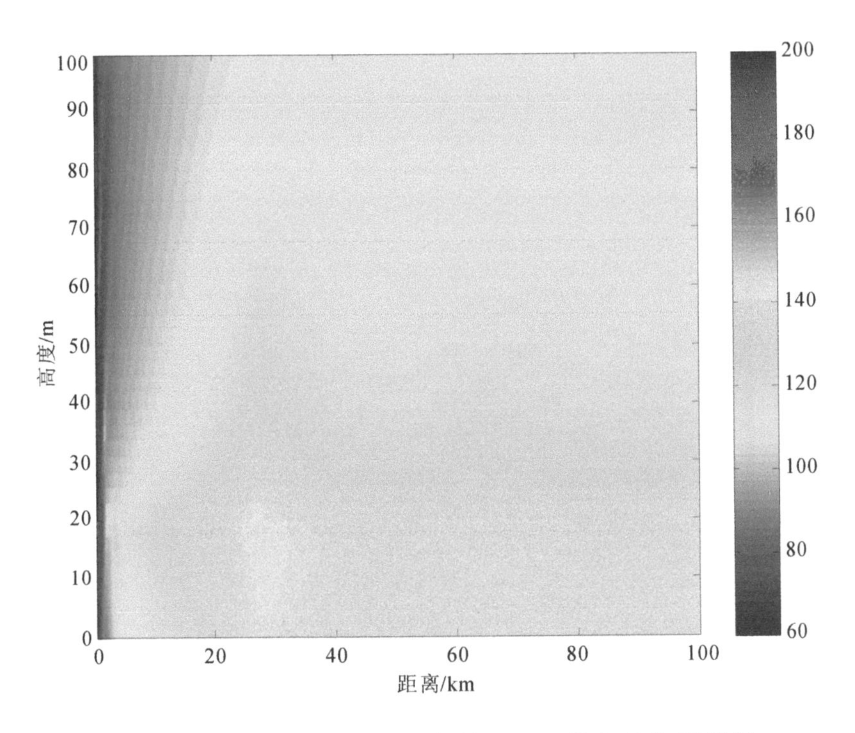

图 2.17　有基础层表面波导条件下 AIS 信号的传播损耗

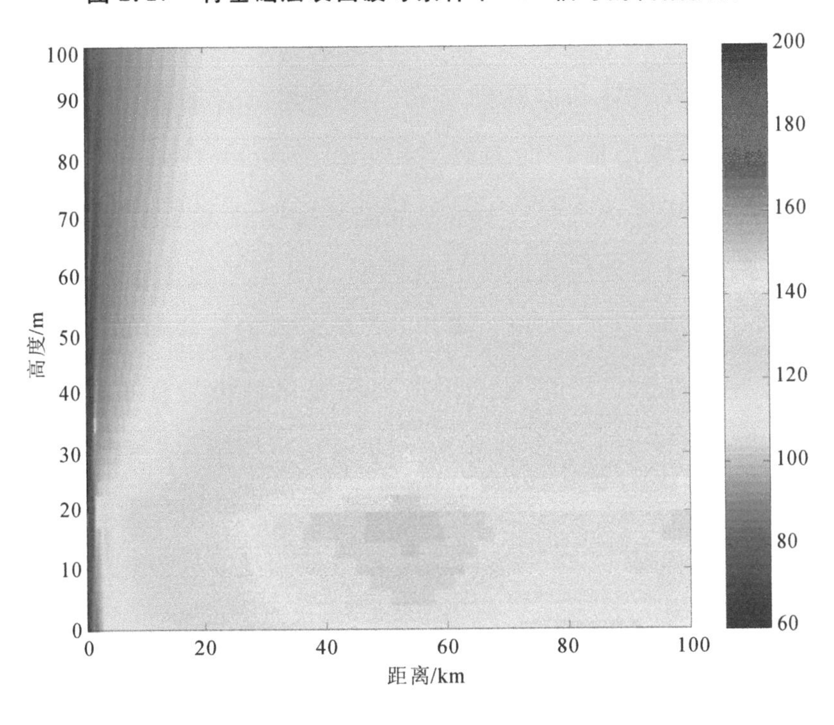

图 2.18　混合波导条件下 AIS 信号的传播损耗

由图 2.18 可知，相比于标准大气传播，蒸发波导和抬升波导相结合的混合波导条件下 AIS 信号的传播损耗大大减小，可以进行超视距传播。

为了研究此种类型混合波导条件下蒸发波导对 AIS 信号传播特性的影响，图 2.19 给出了波导底层斜率 $c_1=0.2$、波导基底高度 $z_b=200\text{m}$、波导陷获层厚度 $z_{\text{thick}}=100\text{m}$、波导强度 $\Delta M=20\text{M}$ 的抬升波导条件下 AIS 信号的传播损耗分布。

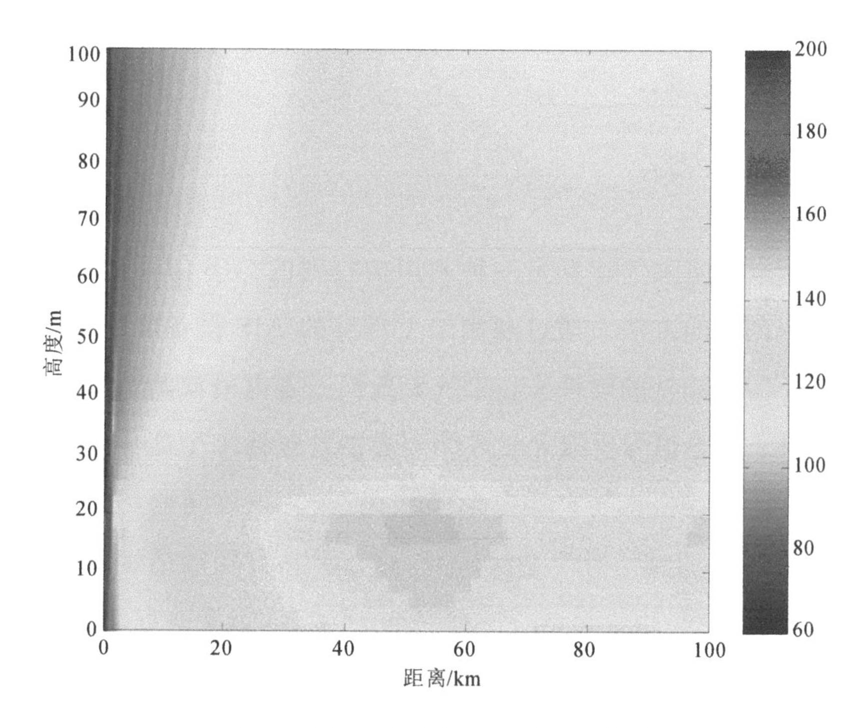

图 2.19　抬升波导条件下 AIS 信号的传播损耗

从图 2.19 和图 2.18 的对比中可以看出，蒸发波导和抬升波导相结合的混合波导条件下 AIS 信号的传播损耗变化趋势与抬升波导基本相同，再一次证明 AIS 信号的传播基本上不会受到蒸发波导的影响。

通过以上分析可知，混合波导对 AIS 信号的传播影响很大，可以利用 AIS 信号反演监测混合波导。但是，由于 AIS 信号传播对蒸发波导的不敏感性，可能会对混合波导的反演性能产生一定的负面影响，即对于混合波导中蒸发波导高度的反演监测结果可能不是很理想。

第3章　AIS信号反演大气波导参数适用性研究

AIS信号反演大气波导是一种利用接收到的AIS信号功率估计大气修正折射率剖面的方法。通过利用船上现有的AIS设备反演大气折射率垂直剖面不需要额外的硬件来收集气象数据或者电磁波测量数据，具有一定的隐蔽性。AIS信号反演大气波导方法主要包括4个部分：①确定反演过程中使用的大气修正折射率剖面模型；②研究正演问题，分析大气波导参数变化对AIS信号传播特性的影响，评估反演方法的适定性；③使用①和②确定的信息，利用合适的优化算法进行反演；④反演方法的海上试验验证。

本章主要对AIS信号反演大气波导方法的适用性进行研究。首先，进行AIS信号正向传播模型的单个波导参数敏感性分析。其次，为了研究AIS信号传播模型对大气波导参数变化的全局敏感性，利用扩展傅里叶振幅敏感性检验方法对波导参数的全局敏感性进行分析。最后研究基于射线追踪模型的大气波导参数反演范围确定方法，分析各个波导参数的可反演范围，评估反演方法的适定性。

3.1 AIS 信号传播模型的波导参数敏感性分析

大气波导反演是一个反问题,而反问题通常是非适定的。评价一个问题是否具有适定性的标准是解的存在性、唯一性以及可行解对模型参数变化的敏感性。因此,需要研究 AIS 信号正向传播模型对大气波导参数变化的敏感性,评估哪些波导参数的改变可以使 AIS 信号接收功率发生最大变化。如果大气波导参数的变化对 AIS 信号接收功率的影响很小,那么就不可能从传播数据中反演出这些参数。先前的研究表明,大气修正折射率剖面的差异确实在很大程度上改变了 AIS 信号的传播损耗分布。

接下来利用 AIS 信号正向传播模型分析三线性波导修正折射率剖面模型每个参数的敏感性。因为表面波导和抬升波导都可以用四参数三折线模型进行描述,所以统称为三线性波导。仿真参数:AIS 发射频率为 162MHz,发射天线和接收天线高度均为 10m,天线类型为全向天线,采用垂直极化方式,天线仰角为 0°。图 3.1 给出了保持其他波导参数不变、单个波导参数变化时 AIS 信号传播损耗随距离的变化曲线。

从图 3.1 中可以看出,AIS 信号传播损耗对波导基底高度、波导陷获层厚度和波导强度的变化很敏感,而对波导底层斜率的变化并不敏感。随着波导底层斜率的改变,AIS 信号传播损耗几乎不发生变化,这也是通常将底层大气等效为标准大气的原因。因此,可以利用 AIS 信号反演基底高度、陷获层厚度和波导强度这三个波导参数。

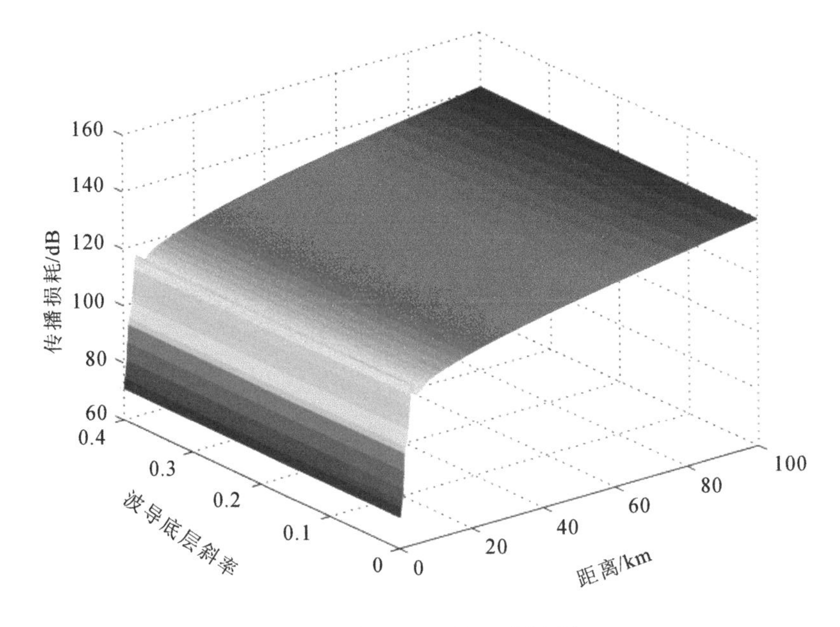

(a) z_b=60m，z_{thick}=50m，ΔM=30m

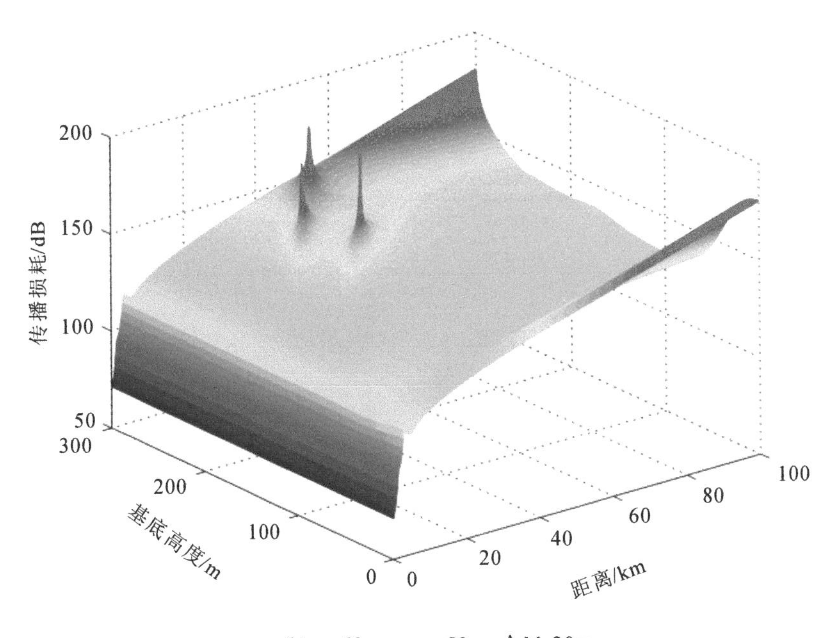

(b) z_b=60m，z_{thick}=50m，ΔM=30m

图 3.1　传播损耗对每个波导参数的敏感性

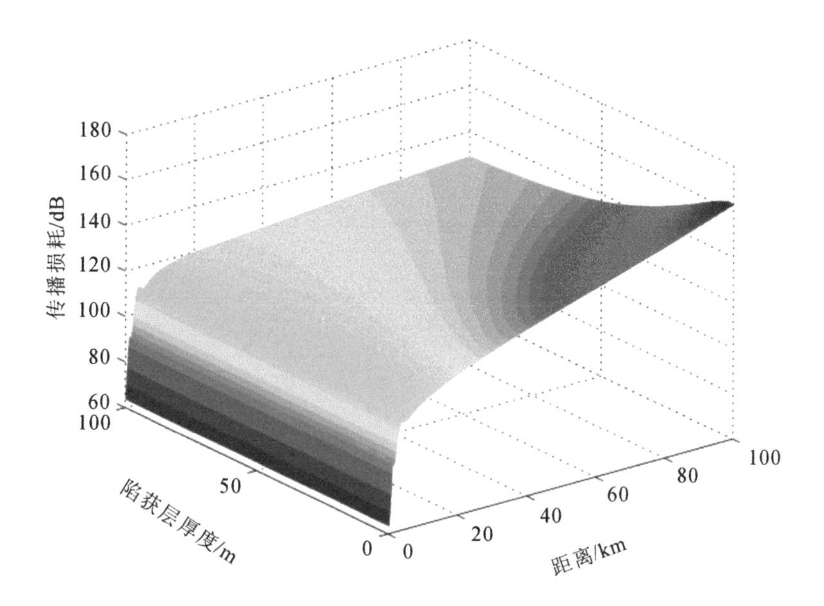

(c) c_1=0.118，z_b=60m，ΔM=30M

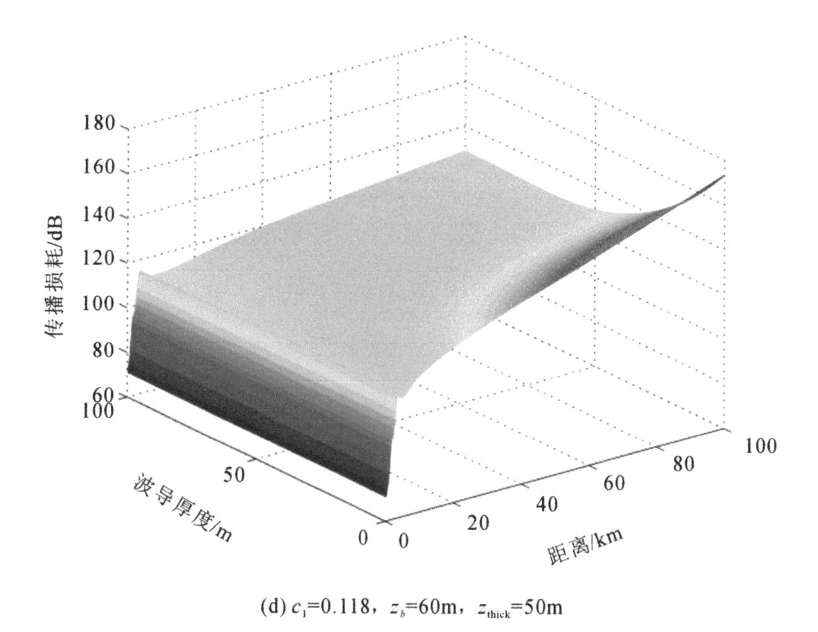

(d) c_1=0.118，z_b=60m，z_{thick}=50m

图 3.1 传播损耗对每个波导参数的敏感性(续)

3.2 基于扩展傅里叶振幅敏感性检验的波导参数全局敏感性分析

虽然可以利用 AIS 信号正向传播模型分析各个波导参数变化对 AIS 信号传播特性的影响，但也只是选定了一组参数，在此基础上研究单个参数变化引起的 AIS 信号传播损耗的改变，并没有考虑波导参数之间的相互影响和相互作用，所得结果不够全面。因此，本书利用扩展傅里叶振幅敏感性检验方法进行波导参数的全局敏感性分析。

3.2.1 扩展傅里叶振幅敏感性检验方法

敏感性分析(sensitivity analysis，SA)是一种量化复杂模型中参数不确定性的方法。SA 的目标是识别模型的关键输入(参数和初始条件)，并对输入不确定性如何影响模型的输出结果进行量化，可以分为局部敏感性分析和全局敏感性分析。局部敏感性分析不考虑参数之间的相互作用和相互影响，具有一定的局限性。而全局敏感性分析不仅可以分析单个参数的敏感性，而且考虑了各个参数之间的交互效应。局部敏感性分析的典型方法是单次因子(one-at-a-time，OAT)方法。OAT 方法是一种局部扰动方法，通过保持其他参数不变，让一个输入因子在取值范围内变化，从而计算其对模型输出结果的影响。OAT 方法的优点是计算成本低，执行时间相对较快。当需要将参数列表过滤到最重要的组时，它对于具有许多输入因子的研究是有用的。然而，OAT 方法的一个重要缺点是没有考虑参数间的相互作用和影响。因此，在模型评估过程中忽略了参数间的相互耦合作用。

傅里叶振幅敏感性检验(fourier amplitude sensitivity test,FAST)方法是经典的定性全局敏感性分析方法。FAST 方法基于这样的原理,即可以通过使用搜索变量将 k 维参数空间变换成一维空间来探索输入参数空间。对于一个模型来说,k 维参数空间对应于 k 个输入参数。FAST 方法提供了一种将所有这些变量折叠为一个变量的方法,这种减少是通过变换函数来实现的。然而,在应用变换函数之前,会为所有变量分配一个频率。必须满足两个要求才能准确地进行 FAST 分析:输入参数必须相互独立;分配的频率必须是不相称的,这意味着没有两个频率是线性相关的。给定参数的频率用于正弦变换函数,该函数将参数转换到 s 空间(频域)。

对于给定的参数频率,搜索变量 s 跨越一个周期(2π 弧度),从而确保覆盖整个参数空间。模型的输出可以扩展为傅里叶级数,由于频率是不相称的,因此对应于输入参数的频率和谐波的傅里叶系数仅受所研究参数的影响。产生输出最大幅度响应的频率表明模型输出对与这些频率相关的参数最敏感。敏感性指数是根据方差计算得到的,每个输入因子对输出 Y 的贡献被量化。因此,可以量化每个输入参数的方差对输出总方差的影响程度。输入参数 X 的平均条件期望的方差 $V(E[Y|X])$ 和输出总方差 $V(Y)$ 可用于定义一阶敏感性指数(sensitivity index,SI),即

$$\mathrm{SI} = \frac{V(E[Y|X])}{V(Y)} \tag{3.2.1}$$

一阶 SI 只考虑输入因子对输出的主要阶的影响,不考虑与其他输入的高阶相互作用。一阶 SI 可以介于 0～1,0 表示没有影响,1 表明对输出的变化具有全部的影响。如果所有一阶 SI 的和等于 1,则模型是加性的(即线性模型)。如果模型是非加性的(即非线性模型),则输入之间存在相互作用。输入参数间的相互作用由更高阶 SI 进行量化。输入因子对输出

的总影响是一阶敏感性指数和高阶敏感性指数之和，称为整体敏感性指数(total sensitivity index，TSI)。例如，在三输入模型中，第一个输入参数的TSI可表示为

$$\mathrm{TSI}_1 = \mathrm{SI}_1 + \mathrm{SI}_{12} + \mathrm{SI}_{13} + \mathrm{SI}_{123} \tag{3.2.2}$$

式中，SI_1 为第一个输入参数的一阶 SI，SI_{12} 和 SI_{13} 分别表示考虑输入参数1、2和输入参数1、3交互效应的二阶 SI，SI_{123} 表示考虑输入参数1、2、3交互效应的三阶 SI。

然而，经典 FAST 方法不但计算消耗大，而且只考虑各个参数的一阶敏感性指数，忽视了参数之间的相互作用，因此得到的敏感性分析结果不够全面。扩展傅里叶振幅敏感性检验(extended fourier amplitude sensitivity test，EFAST)是经典 FAST 方法的推广，是一种定量全局敏感性分析方法。EFAST 方法允许使用较低的样本数进行敏感性指数计算，因而具有更高的鲁棒性和计算效率。此外，通过计算 TSI，可以更加全面地考虑参数间的相互作用和相互影响，得到的敏感性分析结果也更为合理。

由于 AIS 信号正向传播模型的复杂性、大量的输入参数、参数之间的相互作用和不可忽视的仿真运行时间，因此采用扩展傅里叶振幅敏感性检验方法进行大气波导参数变化的全局敏感性分析。EFAST 方法使用变换函数为每个参数 x_i 分配频率 ω_i：

$$x_i(s) = G(\sin\omega_i s) = \frac{1}{2} + \frac{1}{\pi}\arcsin(\sin(\omega_i s + \varphi_i)),\ -\pi \leqslant s \leqslant \pi \tag{3.2.3}$$

式中，φ_i 表示随机相移，从而可以产生一个更加灵活的采样方案。

输出 Y 在频率 ω_i 及其谐波处振荡的幅度揭示了 Y 对第 i 个参数 x_i 的敏感程度，振幅越大，这个参数对模型输出结果的影响就越大。将输出 $Y(s)$ 去除均值后用于获得每个谐波 j 的傅里叶系数 A 和 B，可表示为

$$A_j = \frac{1}{N}\left\{Y_{N_0} + \sum_{q=1}^{\frac{N-1}{2}}(Y_{N_0+q} + Y_{N_0-q})\cos\frac{2\pi jq}{N}\right\} \tag{3.2.4}$$

$$B_j = \frac{1}{N}\left\{\sum_{q=1}^{\frac{N-1}{2}}(Y_{N_0+q}+Y_{N_0-q})\sin\frac{2\pi jq}{N}\right\} \tag{3.2.5}$$

式中，N 为样本数，$N_0=(N-1)/2+1$。

由此，总方差 V、第 i 个参数 x_i 的方差 V_i 和余补集的方差 V_{-i} 可分别表示为

$$V = \frac{1}{N}\sum_{q=1}^{N}Y_q^2 \tag{3.2.6}$$

$$V_i = 2\sum_{j=1}^{M}(A_{j\omega_i}^2 + B_{j\omega_i}^2) \tag{3.2.7}$$

$$V_{-i} = 2\sum_{j=1}^{M}(A_{j\omega_{-i}}^2 + B_{j\omega_{-i}}^2) \tag{3.2.8}$$

式中，M 是敏感性分析中包含的谐波数。

将这些方差用于计算第 i 个参数 x_i 的 SI_1 和 TSI，可得

$$SI = \frac{V_i}{V} \tag{3.2.9}$$

$$TSI = 1 - \frac{V_{-i}}{V} \tag{3.2.10}$$

SI 是单个参数对模型输出变量敏感性的度量，TSI 则是包括各参数间相互作用对模型输出变量敏感性的度量。

频率（ω_i 和 ω_{-i}）和样本数 N 的选择涉及混叠、干扰和仿真运行时间之间的权衡，必须对其进行优化。为了避免出现混叠，奈奎斯特频率 ω_{Ny} 必须大于 $M\omega_{\max}$，后者是频率集合中出现的最高频率，即最高参数频率的最高谐波。奈奎斯特频率定义为：

$$\omega_{Ny} = \frac{N}{2} \tag{3.2.11}$$

因此，为了避免混叠，应满足

$$N \geqslant 2M\omega_{\max} + 1 \tag{3.2.12}$$

当两个不同参数的谐波具有相同的频率，并可能导致对输出方差的贡献重叠时就会发生干扰，而当模型具有大量输入参数时干扰是不可避免

的。但是,可以通过使用高 ω_i 和低 ω_{-i} 来最小化干扰。为了避免产生混叠,$M\omega_{-i}$ 的最大值应为 ω_i 的一半,尽管可以使用更大的间隔,但代价是样本数的增加。ω_{-i} 的高次谐波通常在几次谐波之后收敛到 0,为了最小化样本数量,可以为 ω_{-i} 集合中的频率分配相同的值。因此,余补频率集被指定为 1,即 $\omega_{-i}=1$。鉴于通过增加输入参数的频率进一步减少干扰可能会导致更多的模型运行次数,因此引入一个虚拟参数(dummy parameter)来解决这种干扰。虚拟参数对模型结果没有影响,在不存在干扰的情况下其偏方差应为零。因此,虚拟参数的非零 SI 和 TSI 表征了干扰对输出结果的影响。从所有其他参数中减去虚拟参数的敏感性指数,从而抵消干扰对各个参数输出结果的影响。这个虚拟参数不会出现在模型方程中,也不会以任何其他方式影响模型结果,因此理想情况下应该使其敏感性指数为 0。虽然使用较小的样本量会导致不必要的干扰效应,但是采用虚拟参数可以极大地减轻这些影响,同时在很大程度上减少进行敏感性分析所需的仿真运行次数。

3.2.2 仿真与验证

接下来利用 EFAST 方法分析 AIS 信号传播模型对大气波导参数变化的全局敏感性。波导类型为三线性波导,采用四参数折射率剖面模型进行描述。仿真参数:AIS 发射频率为 162MHz,天线架设高度为 10m,极化方式为垂直极化。仿真区域为高度-距离二维平面,高度取值范围为 0～300m,距离取值范围为 0～100km,分辨率分别为 3m 和 250m。通过 AIS 信号正向传播模型计算仿真区域中每一点的传播损耗 PL,即高度上的 100 个点和距离上的 400 个点。EFAST 方法中 $M=4$,$\omega_{max}=8$,即利用 $N=65$ 避免混叠。进行全局敏感性分析的大气波导参数取值范围如表 3.1 所示。

表 3.1 敏感性分析的大气波导参数取值范围

波导参数	下限	上限	单位
波导底层斜率 c_1	0	0.4	M/m
波导基底高度 z_b	0	300	m
波导陷获层厚度 z_{thick}	0	100	m
波导强度 ΔM	0	100	M

为了分析各个波导参数的整体敏感性指数，在整个仿真区域内对 SI 和 TSI 分布进行了平均，所得敏感性分析结果如图 3.2 所示。

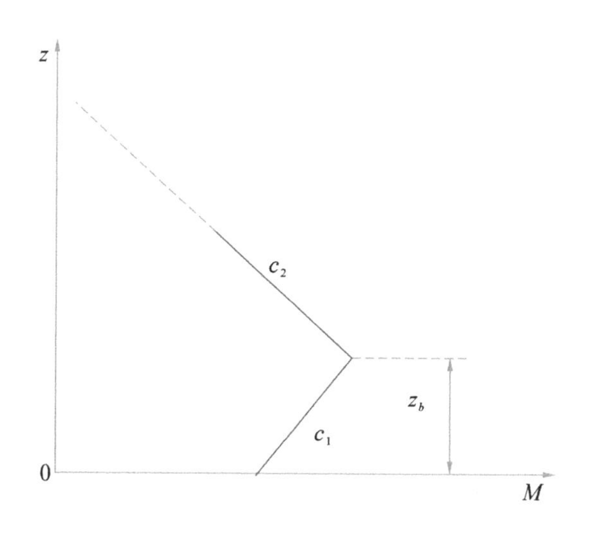

图 3.2 SI_1 和 TSI 结果

从图 3.2 中可以看出，波导基底高度的 SI_1 最高，说明波导基底高度的变化对 AIS 信号传播特性的影响最大。此外，波导陷获层厚度的 TSI 明显高于 SI_1，表明陷获层厚度与其他波导参数之间存在明显的交互作用。而波导底层斜率的 SI_1 和 TSI 均为零，表明 AIS 信号传播受到波导底层斜率变化的影响很小。

3.3 基于射线追踪模型的大气波导参数反演范围研究

AIS信号反演大气波导是一个非线性和非适定性问题，需要知道反演方法能够反演的波导类型和对应的波导参数取值范围。对于大气波导反演来说，只有当波导参数的微小变化会对接收到的AIS信号功率产生较大影响且没有超过AIS信号最大接收距离时才能进行有效反演。因此，本书采用射线追踪模型研究AIS信号反演大气波导参数的适用范围。

3.3.1 射线追踪模型

几何光学模型，也称为射线追踪(ray tracing，RT)模型，是一种相对简单但非常有效的对电磁波异常传播进行建模的方法，基于重复使用Snell定律跟踪具有不同初始仰角的通过水平分层大气从发射机向外传播的单个射线的路径。除了可以获取简单直观的结果，RT模型还具有代码执行速度快的优点。大气波导中电磁波的射线轨迹可由Snell定律进行确定，即

$$m(z)\cos\theta = m(z_0)\cos\theta_0 \tag{3.3.1}$$

式中，m表示大气修正折射指数，z_0表示射线的初始高度，θ_0表示射线的初始发射仰角。

由于射线仰角θ很小，对$\cos\theta$进行泰勒二阶近似，可得

$$m(z_2)-m(z_1)=\frac{\theta_2^2-\theta_1^2}{2} \tag{3.3.2}$$

式中，θ_1和θ_2分别表示高度z_1和高度z_2处射线的发射仰角。

对于球面分层大气，可以假设大气修正折射指数m随高度线性变

化，即

$$m(z_2)-m(z_1)=g(z_2-z_1) \tag{3.3.3}$$

式中，g 表示大气修正折射率梯度。

对比式(3.3.2)和式(3.3.3)，可得

$$\theta_2^2-\theta_1^2=2g(z_2-z_1) \tag{3.3.4}$$

式(3.3.4)的微分形式为

$$\mathrm{d}z=\frac{\theta\mathrm{d}\theta}{g} \tag{3.3.5}$$

此外，射线的距离变化分量 $\mathrm{d}x$ 与高度变化分量 $\mathrm{d}z$ 之间的关系可表示为

$$\frac{\mathrm{d}z}{\mathrm{d}x}=\tan\theta\approx\theta \tag{3.3.6}$$

将式(3.3.5)代入式(3.3.6)并进行积分，可得

$$x_2-x_1=\frac{\theta_2-\theta_1}{g} \tag{3.3.7}$$

3.3.2 三线性波导基底高度反演范围的确定

首先研究三线性波导基底高度的可反演范围。假设波导陷获层厚度无限大，则三线性波导变成如图 3.3 所示的二线性波导。其中，c_1 为波导底层斜率，c_2 为波导陷获层斜率，均假设为常数，z_b 为波导基底高度。

根据发射天线高度与波导基底高度的相对位置关系，可以分为两种情况：发射天线高度小于波导基底高度和发射天线高度大于波导基底高度。下面将分别进行讨论。此外，假设接收天线高度均小于波导基底高度。

1. 发射天线高度小于波导基底高度

当发射天线高度小于波导基底高度时，电磁波的射线轨迹如图 3.4 所示。h_t 为发射天线高度，h_r 为接收天线高度，θ_0、θ_1、θ_2 和 θ_3 分别为距离

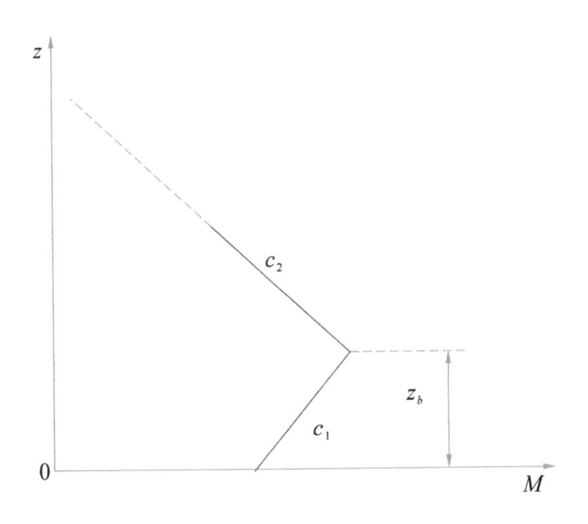

图 3.3　陷获层厚度无限大的三线性波导

$x_0=0$、x_1、x_2 和 $x_{\lim}$处的射线仰角，$x_{\lim}$为 AIS 接收天线的位置。

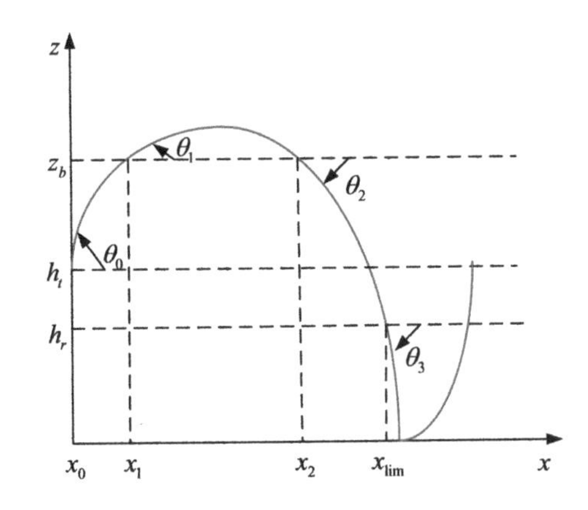

图 3.4　三线性波导环境中的射线轨迹

距离 $x_{\lim}$可表示为

$$x_{\lim}=x_1+(x_2-x_1)+(x_{\lim}-x_2) \tag{3.3.8}$$

根据射线追踪模型，当$|\theta_0|\leqslant 1$ 时，x_1 可表示为

$$x_1=\frac{\theta_1-\theta_0}{c_1} \tag{3.3.9}$$

x_1 处的射线仰角 θ_1 可表示为

$$\theta_1=\sqrt{\theta_0^2+2c_1(z_b-h_t)} \tag{3.3.10}$$

x_2-x_1 可表示为

$$x_2-x_1=\frac{\theta_2-\theta_1}{c_2} \tag{3.3.11}$$

x_2 处的射线仰角 θ_2 可表示为

$$\theta_2=-\theta_1 \tag{3.3.12}$$

$x_{\mathrm{lim}}-x_2$ 可表示为

$$x_{\mathrm{lim}}-x_2=\frac{\theta_3-\theta_2}{c_1} \tag{3.3.13}$$

x_{lim}处的射线仰角 θ_3 可表示为

$$\theta_3=-\sqrt{\theta_2^2+2c_1(h_r-z_b)} \tag{3.3.14}$$

由此可得

$$x_{\mathrm{lim}}=2\theta_1\left(\frac{1}{c_1}-\frac{1}{c_2}\right)-\frac{\theta_0-\theta_3}{c_1} \tag{3.3.15}$$

其中，

$$\theta_3=-\sqrt{\theta_0^2+2c_1(h_r-h_t)} \tag{3.3.16}$$

2. 发射天线高度大于波导基底高度

当发射天线高度大于波导基底高度，即发射天线位于波导陷获层时，电磁波的射线轨迹如图 3.5 所示。

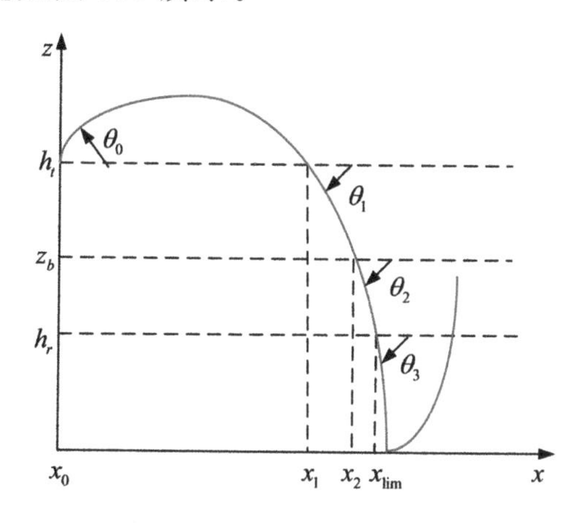

图 3.5　三线性波导环境中的射线轨迹

与发射天线高度小于波导基底高度情况类似，此时距离 $x_{\lim}$ 可表示为

$$x_{\lim}=x_1+(x_2-x_1)+(x_{\lim}-x_2)=\frac{\theta_2-\theta_0}{c_2}+\frac{\theta_3-\theta_2}{c_1}\tag{3.3.17}$$

各个距离处的射线仰角可表示为

$$\theta_1=-\theta_0\tag{3.3.18}$$

$$\theta_2=-\sqrt{\theta_0^2+2c_2(z_b-h_t)}\tag{3.3.19}$$

$$\theta_3=-\sqrt{\theta_0^2+2c_2(z_b-h_t)+2c_1(h_r-z_b)}\tag{3.3.20}$$

3. 波导基底高度的可反演范围

当发射天线高度大于波导基底高度时，在小于 AIS 信号最大接收距离处一定有射线到达。因此，仅考虑发射天线高度小于波导基底高度的情况。根据式(3.3.15)，可得

$$\theta_1=\frac{1}{2}\left[x_{\lim}+\frac{\theta_0-\theta_3}{c_1}\right]\frac{c_1c_2}{c_2-c_1}\tag{3.3.21}$$

根据式(3.3.10)，最大可反演波导基底高度可表示为

$$z_{b\max}=h_t-\frac{\theta_{0\max}^2}{2c_1}+\frac{1}{8}\frac{c_1c_2^2}{(c_2-c_1)^2}\times\left[x_{\max}+\frac{\theta_{0\max}-\theta_3}{c_1}\right]^2\tag{3.3.22}$$

式中，$x_{\max}$ 为 AIS 信号最大接收距离，$\theta_{0\max}$ 为最大初始仰角。

当波导基底高度大于最大可反演波导基底高度 $z_{b\max}$ 时，将不会有射线到达 AIS 接收天线处，也就无法利用 AIS 信号反演监测大气波导。

3.3.3 三线性波导陷获层厚度反演范围的确定

接下来研究三线性波导陷获层厚度的可反演范围。根据发射天线与波导陷获层的相对位置关系，可以分为两种情况：发射天线低于波导陷获层和发射天线位于波导陷获层。下面将分别进行讨论。

1. 发射天线低于波导陷获层

当发射天线低于波导陷获层，即发射天线高度小于波导基底高度时，电磁波的射线轨迹如图 3.6 所示。

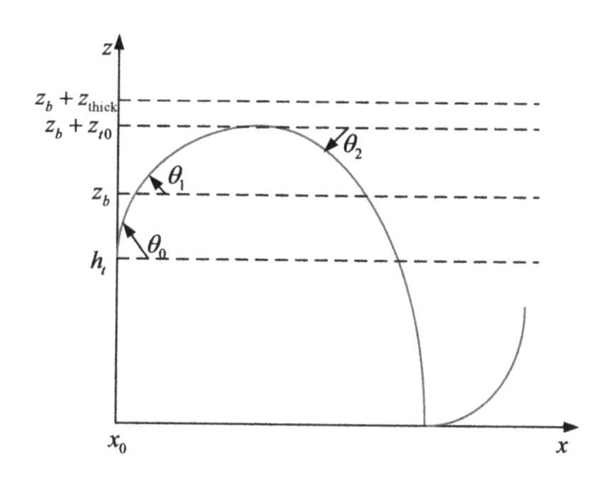

图 3.6　三线性波导环境中的射线轨迹

当波导基底高度 z_b 和波导陷获层斜率 c_2 固定时，假设波导陷获层厚度达到极限厚度 z_{t0}，此时 θ_2 为 0，即

$$\theta_2 = \sqrt{\theta_1^2 + 2c_2 z_{t0}} = 0 \tag{3.3.23}$$

射线仰角 θ_1 可表示为

$$\theta_1 = \sqrt{\theta_0^2 + 2c_1(z_b - h_t)} \tag{3.3.24}$$

因此，波导陷获层的极限厚度 z_{t0} 可表示为

$$z_{t0} = -\frac{\theta_0^2 + 2c_1(z_b - h_t)}{2c_2} \tag{3.3.25}$$

2. 发射天线位于波导陷获层

当发射天线位于波导陷获层时，电磁波的射线轨迹如图 3.7 所示。

与发射天线低于波导陷获层情况类似，此时射线仰角 θ_2 可表示为

$$\theta_2 = \sqrt{\theta_0^2 + 2c_2(z_b + z_{t0} - h_t)} = 0 \tag{3.3.26}$$

由此可得

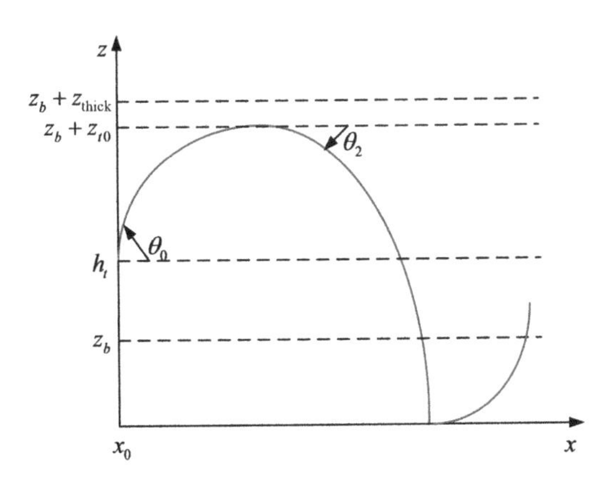

图 3.7　三线性波导环境中的射线轨迹

$$z_{t0}=-\frac{\theta_0^2}{2c_2}-(z_b-h_t) \tag{3.3.27}$$

3. 波导陷获层厚度的可反演范围

对于三线性波导来说，当波导底层斜率和波导陷获层斜率固定且天线参数已知时，根据式(3.3.25)和式(3.3.27)，最大可反演波导陷获层厚度定义为

$$z_{t\max}=\begin{cases}-\dfrac{\theta_{0\max}^2+2c_1(z_b-h_t)}{2c_2}, h_t<z_b \\ -\dfrac{\theta_{0\max}^2}{2c_2}-(z_b-h_t), z_b<h_t<z_b+z_{\text{thick}}\end{cases} \tag{3.3.28}$$

若 $z_{\text{thick}}=z_{t\max}$，且其他波导参数固定，则所有射线都会陷获在波导中。因此，当两组波导参数只有陷获层厚度不同且陷获层厚度均大于 $z_{t\max}$ 时，AIS 信号反演大气波导方法将无法进行区分，即存在非适定性问题。

最小可反演波导陷获层厚度定义为

$$z_{t\min}=\begin{cases}-(z_b-h_t)\dfrac{c_1}{c_2}, h_t<z_b \\ h_t-z_b, z_b<h_t<z_b+z_{\text{thick}}\end{cases} \tag{3.3.29}$$

当波导陷获层厚度小于最小可反演波导陷获层厚度时，将不会有射线达到 AIS 接收机，因此，无法利用 AIS 信号反演监测大气波导。

3.3.4 混合波导参数反演范围的确定

海上大气环境有时会出现蒸发波导叠加一个表面波导或者抬升波导的情况，即混合波导。因此，需要考虑当利用 AIS 信号反演监测混合波导时的可反演波导参数范围。类比三线性波导分析方法，可确定混合波导参数反演范围。

1. 波导基底高度反演范围的修正

由于蒸发波导修正折射率剖面模型不是分段线性模型，无法计算处于蒸发波导中射线轨迹的水平长度，因而无法给出一个波导基底高度可反演范围的解析表达式。如果对蒸发波导进行分段线性近似，则通过对折射率剖面的每一段进行迭代计算就可以得出混合波导情况下波导基底高度的可反演范围。

2. 波导陷获层厚度反演范围的修正

对于最大可反演波导陷获层厚度来说，根据发射天线所处位置，可以分为两种情况。当发射天线高于蒸发波导层时，射线仰角不会受到影响，因而不会改变最大可反演波导陷获层厚度的解析表达式。当发射天线位于蒸发波导层时，必须对式(3.3.28)中的 $\theta_{0\max}$ 进行修正，即

$$\theta_{\max} = \sqrt{\theta_{0\max}^2 + 2c_d(2d - h_t)} \tag{3.3.30}$$

式中，d 为蒸发波导高度，c_d 可表示为

$$c_d = \frac{M(2d) - M(h_t)}{2d - h_t} \tag{3.3.31}$$

将式(3.3.31)代入式(3.3.30)，可得

$$\theta_{\max} = \sqrt{\theta_{0\max}^2 + 2(M(2d) - M(h_t))} \tag{3.3.32}$$

因此，混合波导最大可反演陷获层厚度定义为

$$z_{t\max} = \begin{cases} -\dfrac{\theta_{\max}^2 + 2c_1(z_b - h_t)}{2c_2}, h_t < z_b \\ -\dfrac{\theta_{\max}^2}{2c_2} - (z_b - h_t), z_b < h_t < z_b + z_{\text{thick}} \end{cases} \tag{3.3.33}$$

混合波导中蒸发波导层的存在不会改变最小可反演波导陷获层厚度的表达式，因为最小可反演波导陷获层厚度不依赖于射线仰角。

3.3.5 仿真与验证

下面通过仿真验证利用射线追踪模型确定 AIS 信号反演三线性波导参数范围的准确性。仿真参数：AIS 发射频率为 162MHz，发射天线高度为 10m，接收天线高度为 3m，AIS 信号最大接收距离为 60km。

首先研究当波导参数处于可反演范围时各个参数变化对 AIS 信号传播特性的影响。给定一组波导参数，波导底层斜率 $c_1=0.118$、波导基底高度 $z_b=60$m、波导陷获层厚度 $z_{\text{thick}}=40$m、波导陷获层斜率 $c_2=-0.5$。根据式(3.3.22)，可得最大可反演波导基底高度为 $z_{b\max}\approx 101$m。根据式(3.3.28)，可得最大可反演波导陷获层厚度为 $z_{t\max}\approx 88$m。根据式(3.3.29)，可得最小可反演波导陷获层厚度为 $z_{t\min}\approx 12$m。为了分析波导基底高度变化对 AIS 信号传播特性的影响，图 3.8 给出了波导基底高度变化时 AIS 信号传播损耗随距离的变化曲线。

从图 3.8 中可以看出，当波导基底高度小于最大可反演基底高度时波导基底高度的改变会对 AIS 信号传播特性产生较大的影响。

为了分析波导陷获层厚度变化对 AIS 信号传播特性的影响，图 3.9 给出了 AIS 信号传播损耗随距离的变化曲线。

从图 3.9 中可以看出，当波导陷获层厚度处于可反演范围时陷获层厚度的改变会对 AIS 信号的传播特性产生较大的影响。

接下来研究当波导基底高度达到最大可反演波导基底高度时基底高

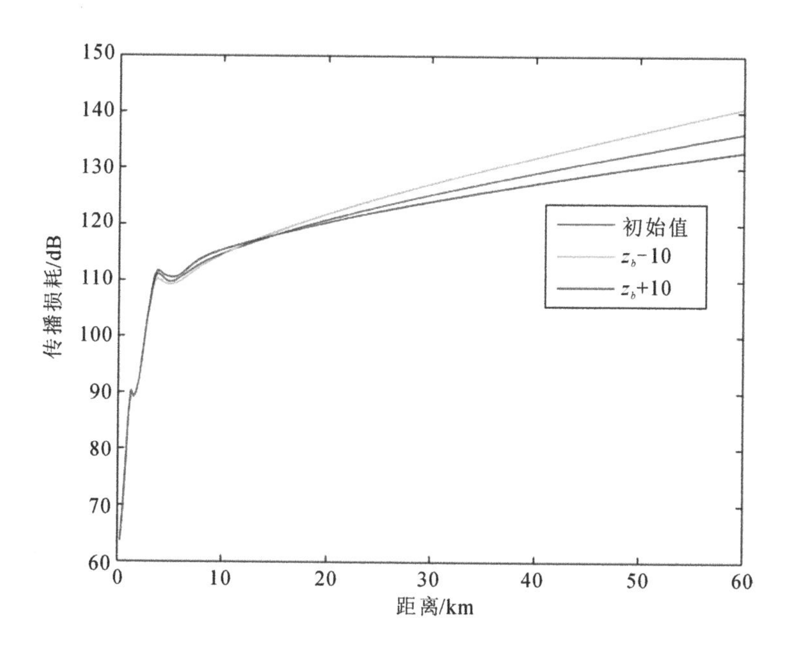

图 3.8 波导基底高度变化时，AIS 信号传播损耗随距离的变化曲线

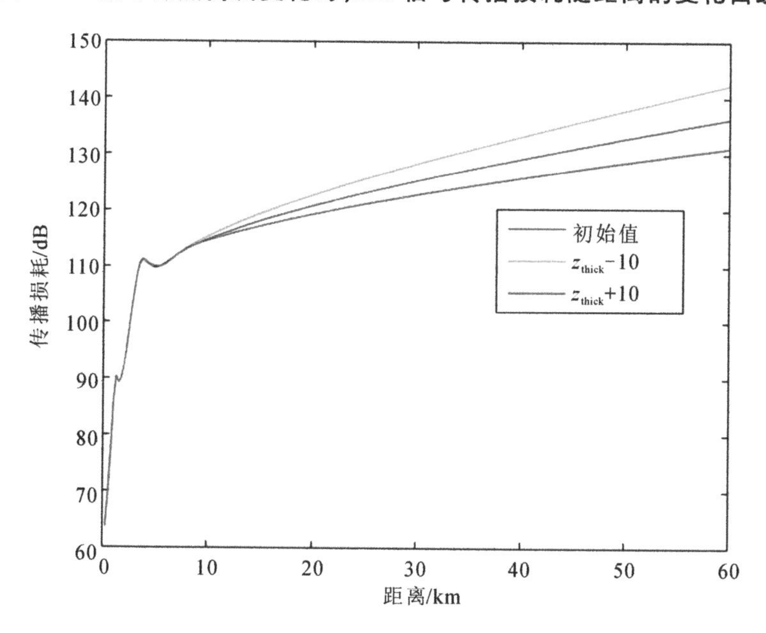

图 3.9 波导陷获层变化时，AIS 信号传播损耗随距离的变化曲线

度变化对 AIS 信号传播特性的影响。给定一组波导参数，波导底层斜率 $c_1=0.118$、波导基底高度 $z_b=168$m、波导陷获层厚度 $z_{thick}=50$m、波导陷获层斜率 $c_2=-0.8$。根据式(3.3.22)，可得最大可反演波导基底高度为

$z_{b\max} \approx 168$m。根据式(3.3.28),可得最大可反演波导陷获层厚度为 $z_{t\max} \approx 71$m。根据式(3.3.29),可得最小可反演波导陷获层厚度为 $z_{t\min} \approx 23$m。因此,给定波导基底高度等于最大可反演波导基底高度。图 3.10 给出了波导基底高度变化时 AIS 信号传播损耗随距离的变化曲线。

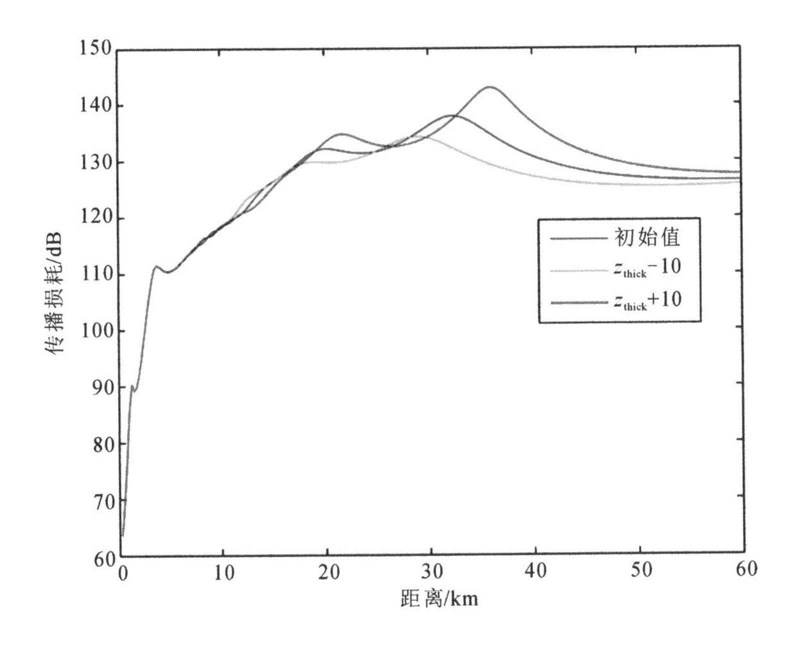

图 3.10 传播损耗随距离的变化曲线

从图 3.10 中可以看出,当波导基底高度达到最大可反演基底高度时,随着基底高度的增加,AIS 信号传播损耗也在增大。如果以此时接收到的 AIS 信号功率作为基准,则当波导基底高度大于最大可反演基底高度时将无法接收到 AIS 信号。因此,当波导基底高度大于最大可反演基底高度时将无法利用 AIS 信号反演监测大气波导。

下面研究当波导陷获层厚度达到最大可反演波导陷获层厚度时陷获层厚度变化对 AIS 信号传播特性的影响。给定一组波导参数,波导底层斜率 $c_1=0.118$、波导基底高度 $z_b=80$m、波导陷获层厚度 $z_{\text{thick}}=93$m、波导陷获层斜率 $c_2=-0.5$。根据式(3.3.22),可得最大可反演波导基底高度为 $z_{b\max} \approx 101$m。根据式(3.3.28),可得最大可反演波导陷获层厚度为 $z_{t\max} \approx 93$m。根据式(3.3.29),可得最小可反演波导陷获层厚度为 $z_{t\min} \approx 17$m。

因此,给定波导陷获层厚度等于最大可反演波导陷获层厚度。为了分析波导陷获层厚度变化对 AIS 信号传播的影响,图 3.11 给出了 AIS 信号传播损耗随距离的变化曲线。

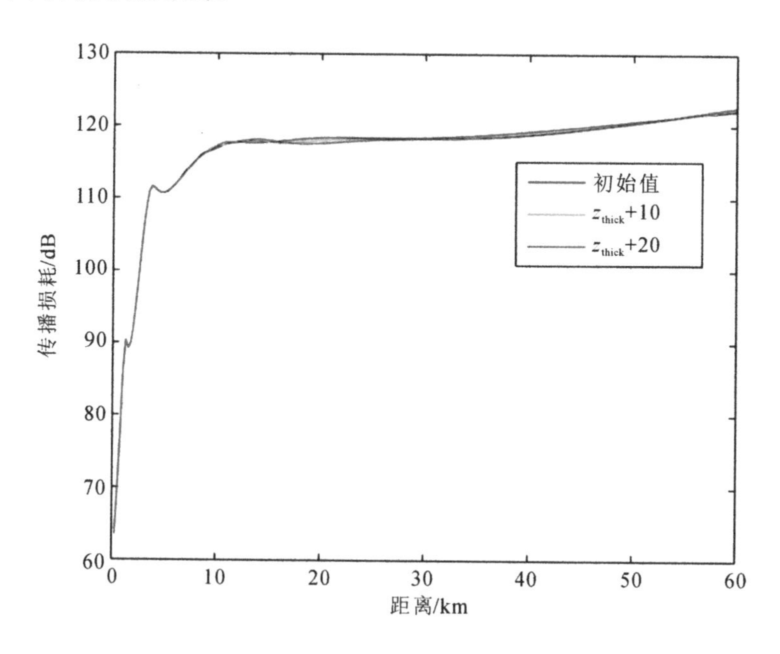

图 3.11 传播损耗随距离的变化曲线

从图中可以看出,$z_{thick}+10$ 或 $z_{thick}+20$ 情况下 AIS 信号传播损耗随距离的变化曲线与 $z_{thick}=z_{tmax}$ 时基本重合。因此,当波导陷获层厚度大于最大可反演陷获层厚度时将无法利用 AIS 信号反演监测大气波导,因为此时陷获层厚度的变化对接收到的 AIS 信号功率几乎没有影响。需要注意的是,这种情况下反演的非适定性是由物理不确定性引起的,而不是反演算法的问题。

接下来研究当波导陷获层厚度达到最小可反演波导陷获层厚度时陷获层厚度变化对 AIS 信号传播特性的影响。给定一组波导参数,波导底层斜率 $c_1=0.2$、波导基底高度 $z_b=145\text{m}$、波导陷获层厚度 $z_{thick}=34\text{m}$、波导陷获层斜率 $c_2=-0.8$。根据式(3.3.22),可得最大可反演波导基底高度为 $z_{bmax}\approx163\text{m}$。根据式(3.3.28),可得最大可反演波导陷获层厚度为 $z_{tmax}\approx81\text{m}$。根据式(3.3.29),可得最小可反演波导陷获层厚度为 $z_{tmin}\approx$

34m。因此，给定波导陷获层厚度等于最小可反演波导陷获层厚度。为了分析波导陷获层厚度变化对 AIS 信号传播特性的影响，图 3.12 给出了 AIS 信号传播损耗随距离的变化曲线。

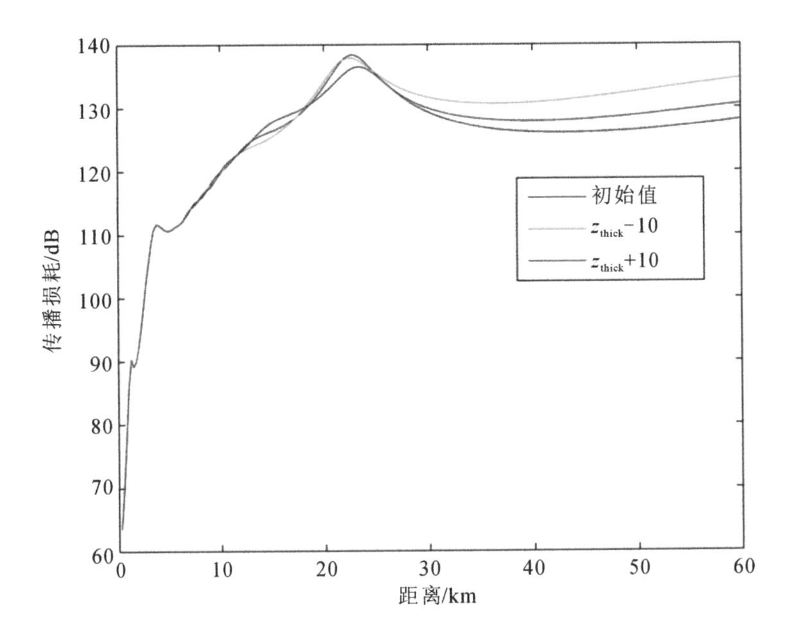

图 3.12　传播损耗随距离的变化曲线

从图中可以看出，当波导陷获层厚度达到最小可反演波导陷获层厚度时，随着陷获层厚度的减小，AIS 信号传播损耗增大。如果以此时接收到的 AIS 信号功率作为基准，则当波导陷获层厚度小于最小可反演陷获层厚度时将无法接收到 AIS 信号。因此，当波导陷获层厚度小于最小可反演波导陷获层厚度时将无法利用 AIS 信号反演监测大气波导。

第4章　基于改进量子行为粒子群算法的AIS信号反演大气波导

雷达、通信等无线电设备的性能会受到大气折射率变化的影响，因为它改变了电磁波传播的方向。对大气波导进行远距离高分辨率的直接测量是不太现实的，所以近年来反演技术已经蓬勃发展起来，以弥补这一差距。现在最常用的反演方法是利用雷达接收到的海杂波功率反演大气波导。然而，使用海杂波进行波导反演的困难之一是目前对海面后向散射机制的研究还不是很透彻。因此，确定海面后向散射系数是具有挑战性的，并且可能将误差引入利用海面后向散射模型的那些反演方法中。基于此，需要研究新的大气波导反演监测方法。由前文的分析可知，AIS信号在大气波导下的传播特性与标准大气不同，不同波导参数下AIS信号的传播特性也不同，这就为利用AIS信号反演监测大气波导提供了可能。通过分析接收到的AIS信号功率与大气波导参数之间的关系，就可以反演出海面上空的大气波导分布情况。此外，由于AIS是一种单向通信系统，因此，利用AIS信号反演监测大气波导消除了与海表面后向散射系数的不确定性相关的复杂性，具有更好的反演监测效果。

本章主要研究基于传统智能算法的AIS信号反演监测大气波导问题。首先给出反演技术的具体流程，分析大气波导对AIS系统两个频率信道的影响。接下来,提出 Lévy 飞行量子行为粒子群算法优化反演过程,从而获得最优波导参数解。最后,对利用接收到的 AIS 信号功率反演大气波导的新方法,以及 Lévy 飞行量子行为粒子群算法作为反演优化算法的可行性和有效性进行仿真验证。

4.1 基于传统智能算法的 AIS 信号反演大气波导方法

利用 AIS 信号的大气波导传播特性可以反演出大气波导。借鉴雷达海杂波反演大气波导的思路和方法,本书提出了一种新的大气波导反演监测方法,即利用接收到的 AIS 信号功率反演大气波导,图 4.1 给出了具体的反演流程。该方法的总体思路:首先,将大气波导修正折射率剖面参数输入 AIS 信号功率仿真系统,计算出模拟的 AIS 设备随距离变化的信号功率数据集;其次,将模拟的信号功率数据集与 AIS 接收机实际接收到的功率数据集进行匹配程度定量计算,利用传统智能算法根据匹配程度信息沿着最优路径变换修正折射率剖面中的参数,最终搜索到一组修正折射率剖面参数计算出来的功率结果与实际接收到的功率值最匹配;最后,根据智能算法得到的最优波导参数构建大气修正折射率剖面,此剖面即为所求最优化修正折射率剖面。根据上述思路,基于传统智能算法的 AIS 信号反演大气波导方法流程如下。

(1)AIS 信号接收。利用改装后的 AIS 接收机接收其他船只发射的 AIS 信号,并对其进行相关处理,提取大气波导反演所需的功率信息。

(2)大气波导模型选择。根据具体的反演需求,选择合适的大气修正折射率剖面模型。

(3)AIS 信号功率仿真。根据选定的大气波导模型,将大气修正折射率剖面参数、海态信息和 AIS 设备参数输入至 AIS 信号正向传播模型，得到正演的 AIS 信号功率。

(4)选择合适的目标函数。目标函数主要用来衡量正演得到的 AIS 信号功率和实际接收到的 AIS 信号功率之间的匹配程度，其选取恰当与否对反演性能的好坏至关重要。

(5)波导反演优化算法的选取。选择合适的全局优化算法对(4)确定的目标函数进行优化，在大气波导参数空间中搜索一组使得目标函数最小的波导参数即为反演最优值。

(6)波导反演结果的评估。将反演得到的结果与实际测量获取的大气修正折射率剖面进行对比，分析反演性能的好坏，并以此为依据对现有反演方法进行改进，从而获得最优的反演结果。

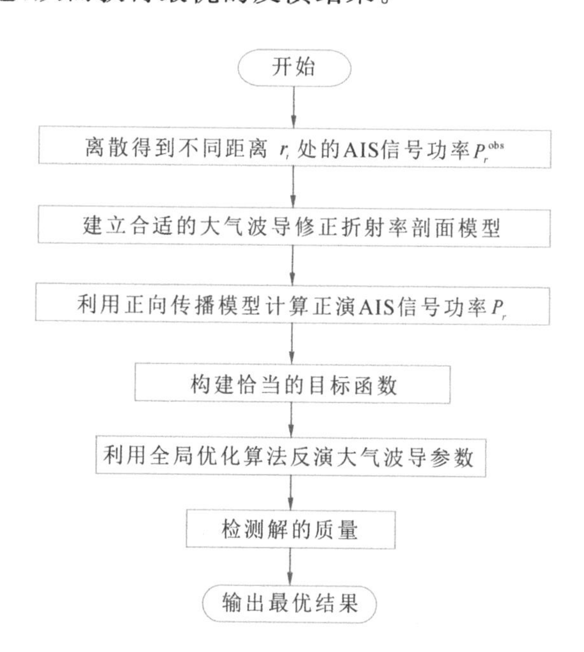

图 4.1　AIS 信号反演大气波导剖面流程图

4.2 大气波导对不同频率AIS信号传播特性的影响分析

由前文可知,AIS有两个频率信道:VHF1(161.975MHz)和VHF2(162.025MHz)。AIS可以同时在VHF1和VHF2上接收信息,而在发送信息时将交替在VHF1和VHF2上进行,这意味着接收到的AIS信号是这两个频率点的组合。对于AIS信号反演大气波导来说,这将影响到反演过程中目标函数的选择。因此,本节将研究分析大气波导对两个频率AIS信号传播特性的影响。

4.2.1 表面波导的影响

本节将研究表面波导条件下AIS信号在两个不同发射频率上的传播特性。仿真参数:极化方式为垂直极化,发射天线高度为100m。假定标准表面波导的底层斜率 $c_1=0.118$、基底高度 $z_b=0$m、陷获层厚度 $z_{\text{thick}}=120$m、波导强度 $\Delta M=40$M,不同发射频率下AIS信号的传播损耗分布如图4.2所示。

从图4.2(a)和图4.2(b)的对比中可以看出,标准表面波导条件下具有不同发射频率的AIS信号的传播损耗分布基本一致,表明此时接收到的两个频率信道的AIS信号功率基本相同。

为进一步揭示不同发射频率对接收到的AIS信号功率的影响,图4.3给出了发射频率分别为161.975MHz和162.025MHz时AIS信号的传播损耗差分布。

从图4.3可以看出,不同发射频率下AIS信号的传播损耗差很小,基

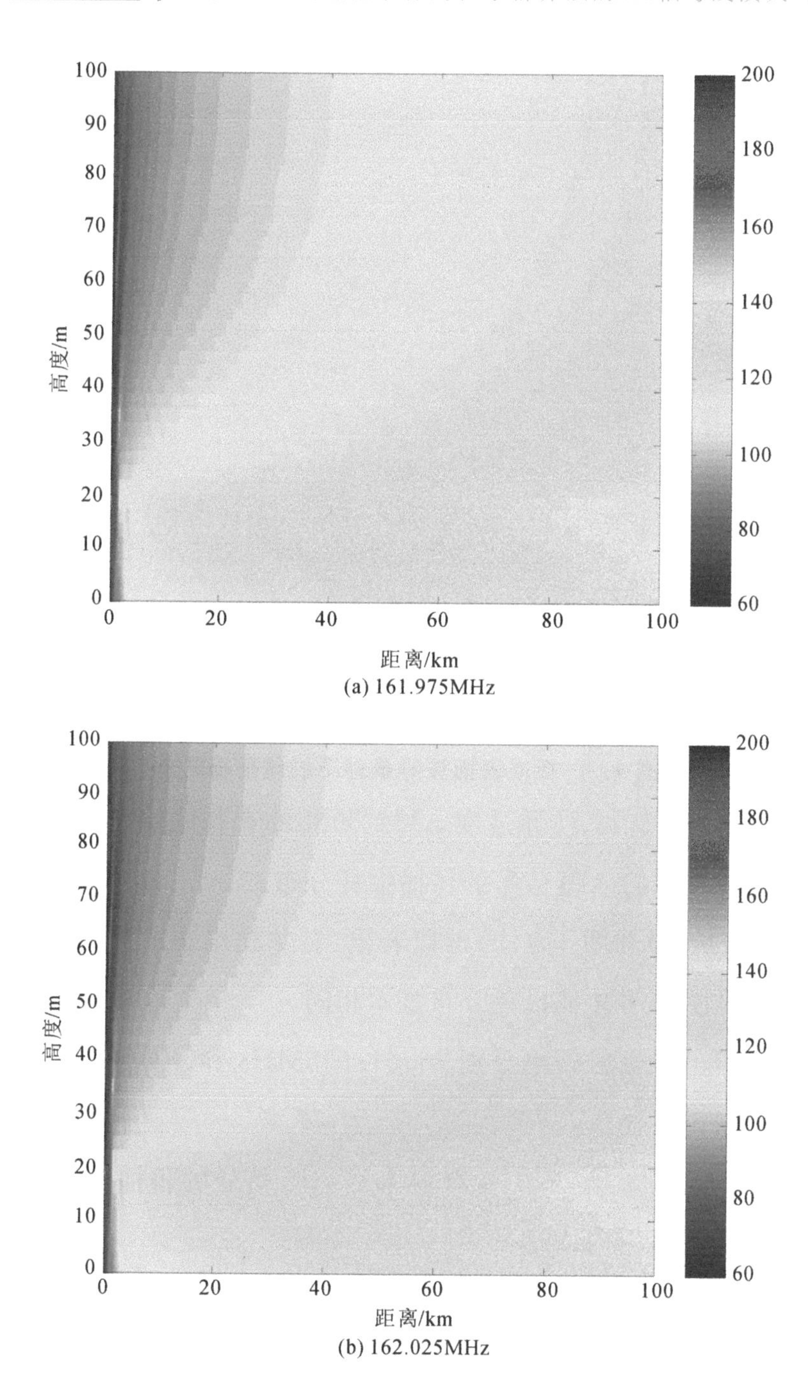

(a) 161.975MHz

(b) 162.025MHz

图 4.2 标准表面波导条件下 AIS 信号的传播损耗

本上可以忽略不计。

图 4.4 给出了波导底层斜率 $c_1=0.118$、波导基底高度 $z_b=100\text{m}$、波导

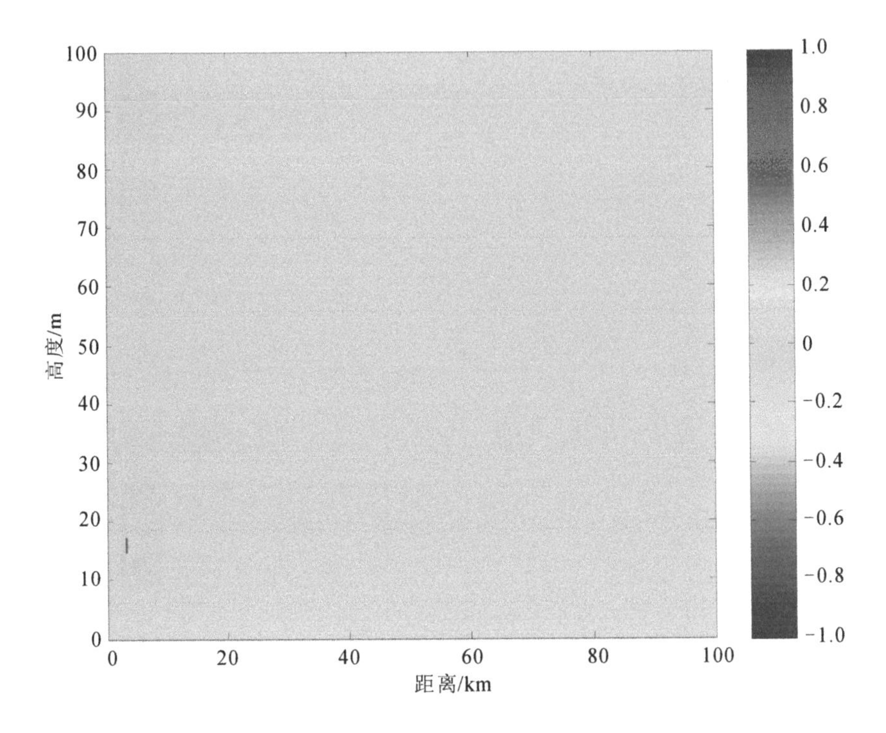

图 4.3　标准表面波导条件下的传播损耗差

陷获层厚度 $z_{\text{thick}}=50\text{m}$、波导强度 $\Delta M=30\text{M}$ 的有基础层表面波导条件下具有不同发射频率的 AIS 信号的传播损耗分布。

对比图 4.4(a)和图 4.4(b)可以看出，有基础层表面波导条件下两个发射频率的 AIS 信号传播损耗分布基本相同。

图 4.5 给出了发射频率分别为 161.975MHz 和 162.025MHz 时 AIS 信号的传播损耗差分布。

从图 4.5 可以看出，不同发射频率下 AIS 信号的传播损耗差很小，都处于 1dB 的误差范围内。

4.2.2　抬升波导的影响

本节将研究抬升波导条件下 AIS 信号在两个不同发射频率上的传播特性。仿真参数：极化方式为垂直极化，发射天线高度为 10m，天线仰角为

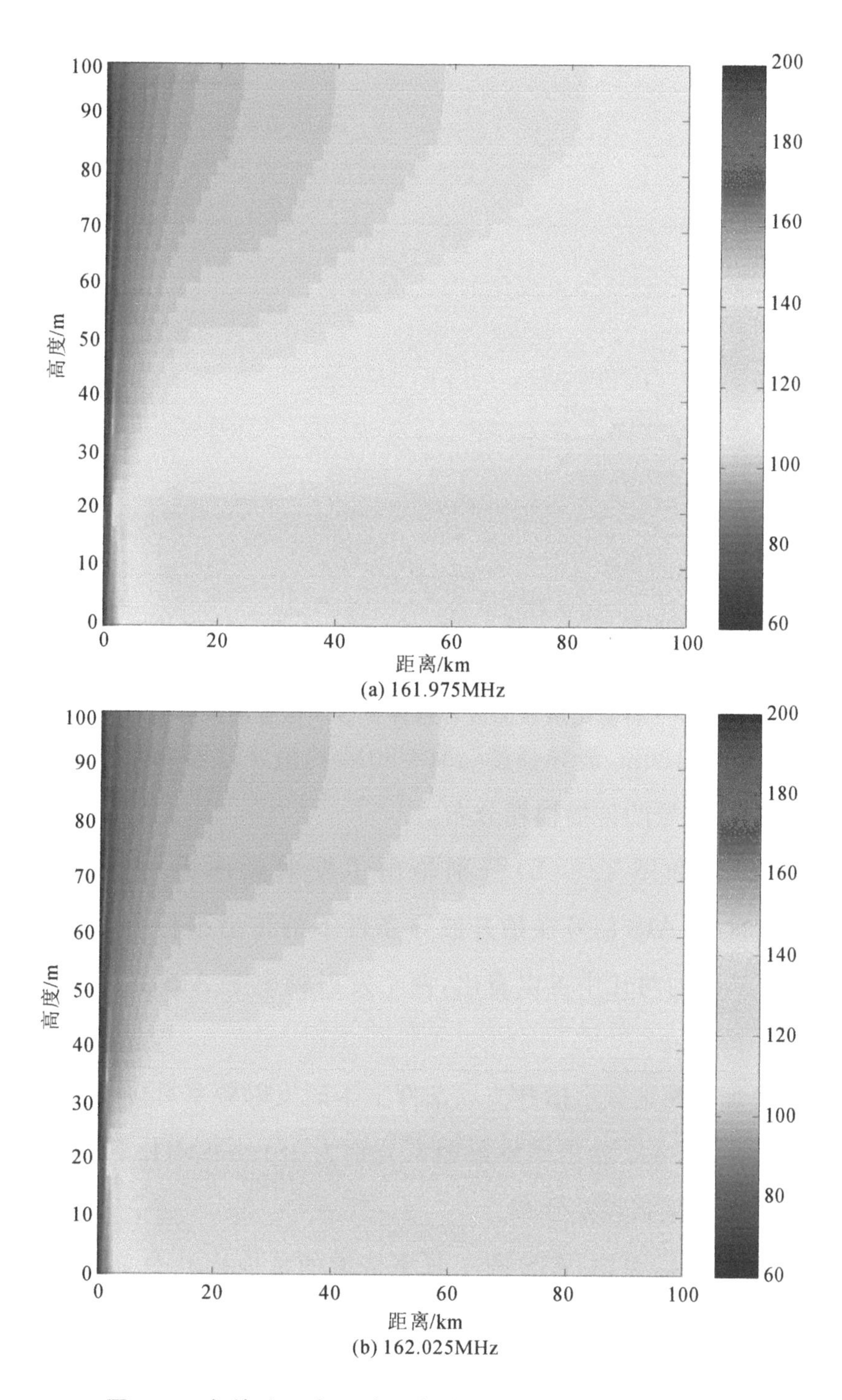

(a) 161.975MHz

(b) 162.025MHz

图 4.4 有基础层表面波导条件下 AIS 信号的传播损耗

0°。图 4.6 给出了波导底层斜率 $c_1=0.2$、波导基底高度 $z_b=200\mathrm{m}$、波导陷

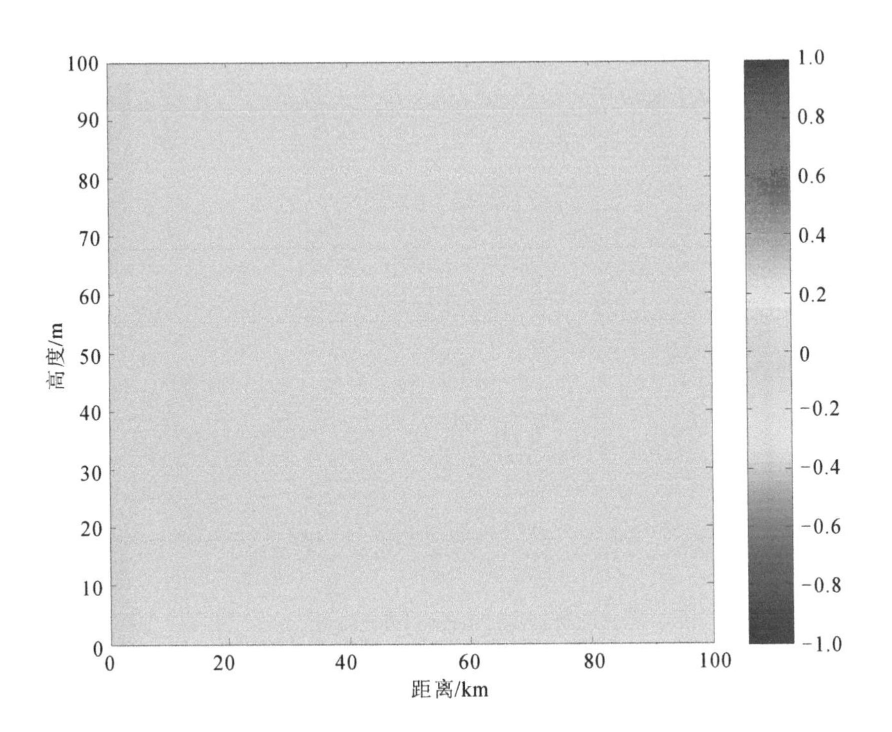

图 4.5 有基础层表面波导条件下 AIS 信号的传播损耗差

获层厚度 $z_{\text{thick}}=100\text{m}$、波导强度 $\Delta M=30\text{M}$ 的抬升波导条件下具有两个发射频率的 AIS 信号的传播损耗分布。

图 4.6(a)和图 4.6(b)分别给出了发射频率为 161.975MHz 和 162.025MHz 时 AIS 信号在抬升波导条件下的传播损耗分布。从图 4.6(a)和图 4.6(b)的对比中可以看出，两个发射频率下 AIS 信号的传播损耗分布基本一致。

为了更加直观地揭示抬升波导条件下不同发射频率对接收到的 AIS 信号功率的影响，图 4.7 给出了发射频率分别为 161.975MHz 和162.025MHz 时 AIS 信号的传播损耗差分布。

从图 4.7 可以看出，AIS 两个频率信道的传播损耗差总体而言较小，都处于 1dB 的误差范围内，基本上可以忽略不计。

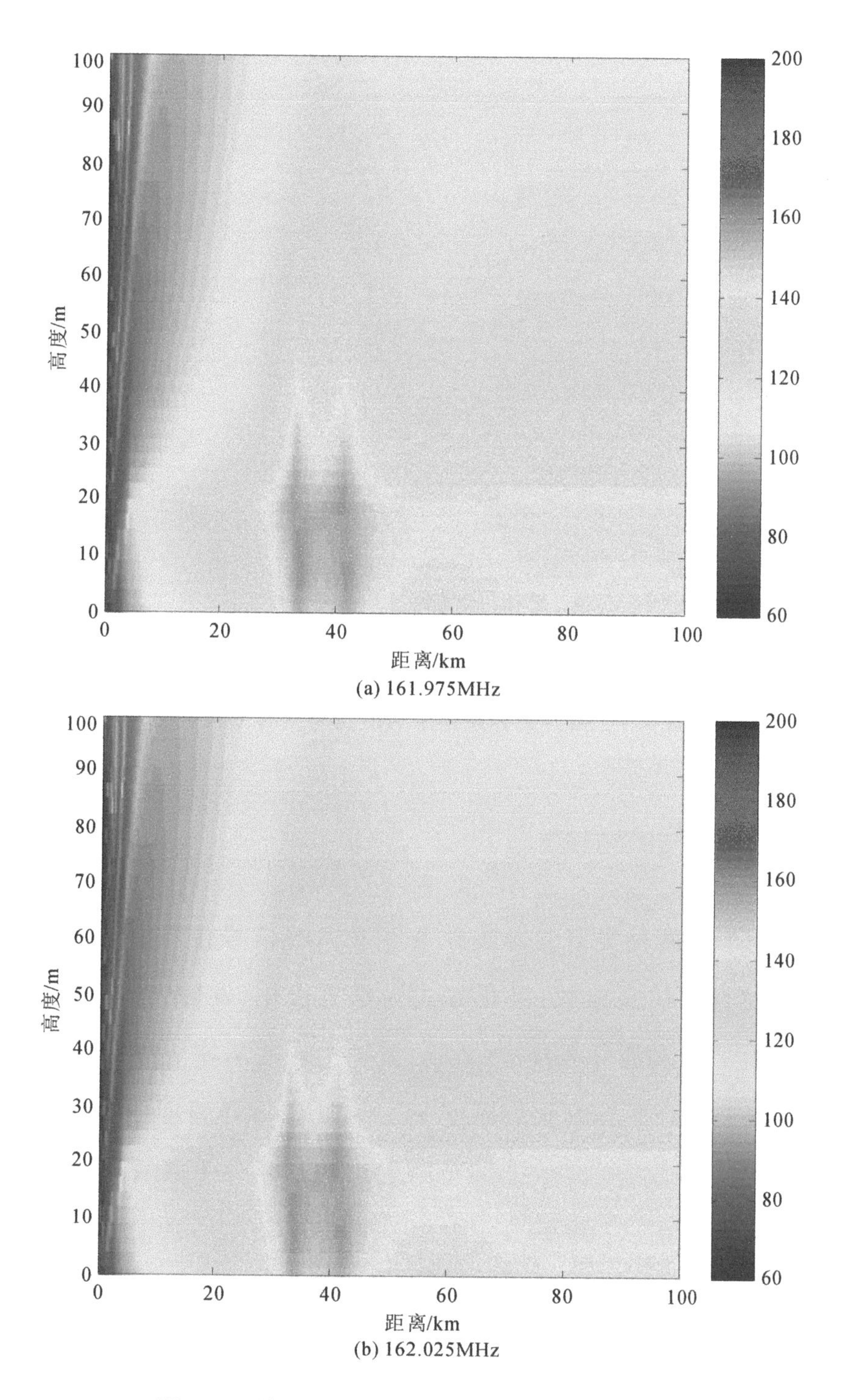

(a) 161.975MHz

(b) 162.025MHz

图 4.6 抬升波导条件下 AIS 信号的传播损耗

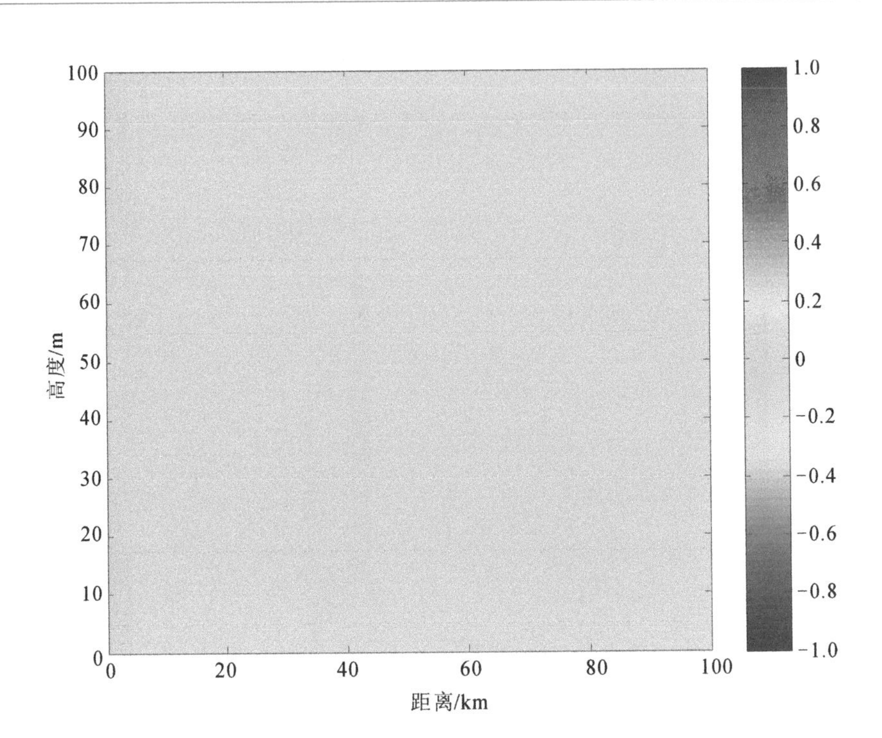

图 4.7　抬升波导条件下 AIS 信号的传播损耗差

4.2.3　混合波导的影响

本节将研究两种类型混合波导条件下 AIS 信号在两个不同发射频率上的传播特性。仿真参数：极化方式为垂直极化，发射天线高度为 10m。图 4.8 给出了蒸发波导高度d=20m、波导混合层斜率 c_1=0.118、波导基底高度 z_b=100m、波导陷获层厚度 z_{thick}=50m、波导强度 ΔM=30M 的蒸发波导和有基础层表面波导相结合的混合波导条件下具有两个发射频率的 AIS 信号的传播损耗分布。

图 4.8(a)和图 4.8(b)分别给出了发射频率为 161.975MHz 和 162.025MHz时 AIS 信号在蒸发波导和有基础层表面波导相结合的混合波导条件下的传播损耗分布。从图 4.8(a)和图 4.8(b)的对比中可以看出，不同发射频率下 AIS 信号的传播损耗分布基本相同。

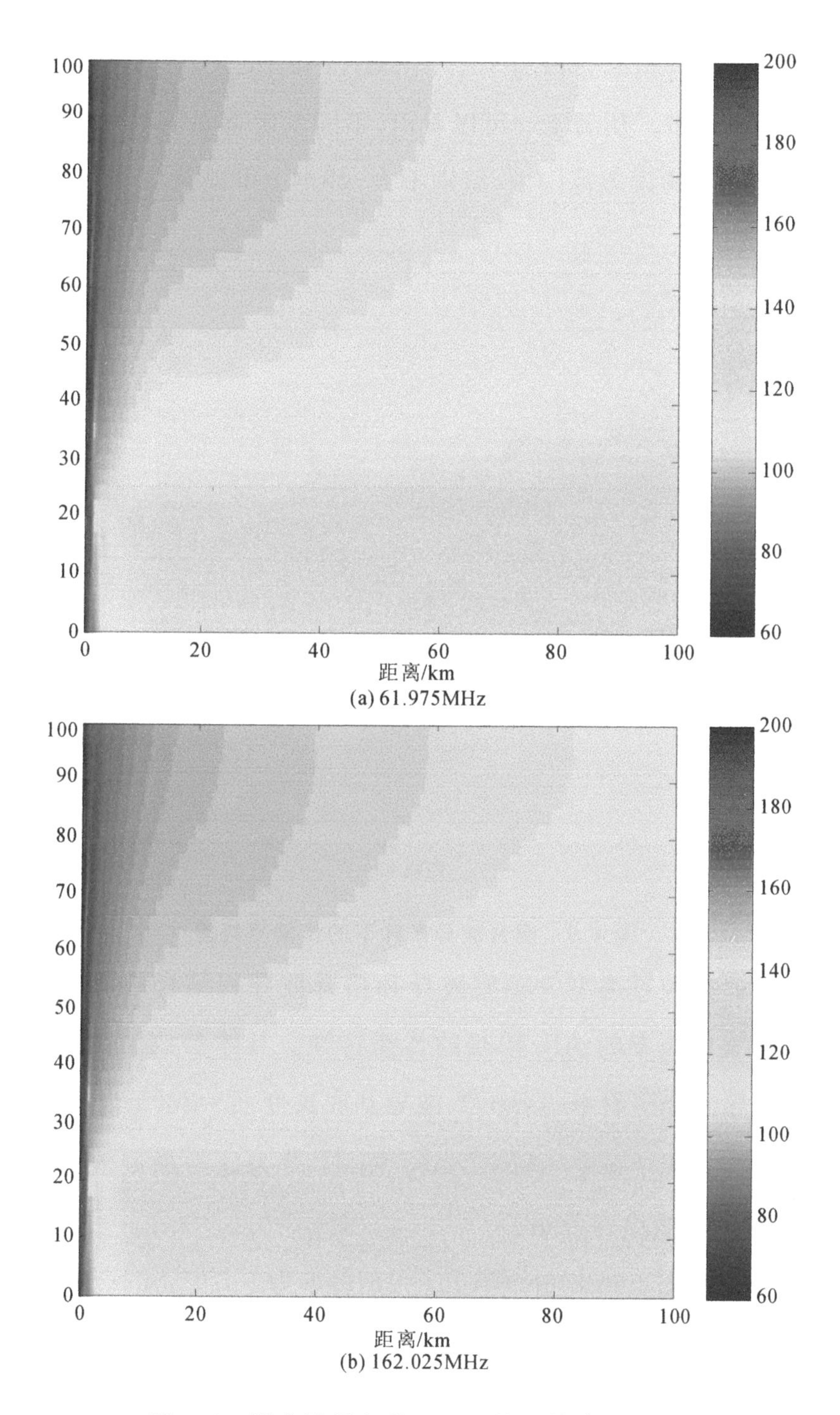

(a) 61.975MHz

(b) 162.025MHz

图 4.8　混合波导条件下 AIS 信号的传播损耗

为了更加直观地揭示不同发射频率对接收到的 AIS 信号功率的影响，图 4.9 给出了发射频率分别为 161.975MHz 和 162.025MHz 时 AIS 信号的传播损耗差分布。从图 4.9 可以看出，不同发射频率下 AIS 信号的传播损耗差处于 1dB 的误差范围内，差别不大，基本上可以忽略不计。

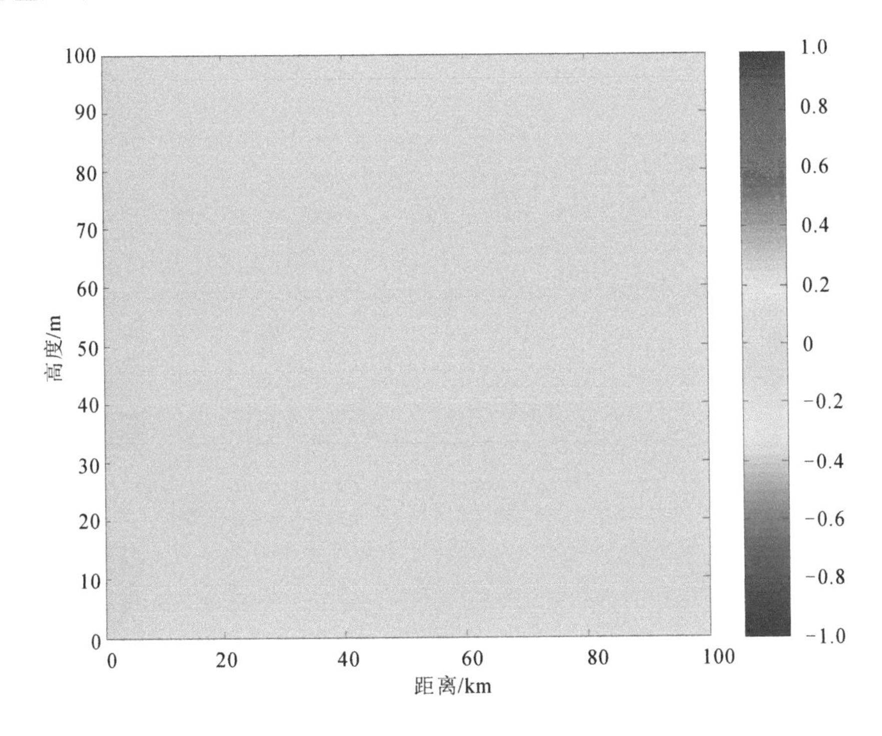

图 4.9　混合波导条件下的传播损耗差

接下来研究波导类型为蒸发波导和抬升波导相结合的混合波导条件下具有两个发射频率的 AIS 信号的传播特性。具体参数为蒸发波导高度 $d=20\text{m}$、波导混合层斜率 $c_1=0.2$、波导基底高度 $z_b=200\text{m}$、波导陷获层厚度 $z_{\text{thick}}=100\text{m}$、波导强度 $\Delta M=30\text{M}$。图 4.10 为此种类型混合波导条件下 AIS 信号的传播损耗分布。

图 4.10(a)和图 4.10(b)分别给出了发射频率为 161.975MHz 和162.025MHz 时 AIS 信号在蒸发波导和抬升波导相结合的混合波导条件下的传播损耗分布。从图 4.10(a)和图 4.10(b)的对比中可以看出，不同发射频率下 AIS 信号传播损耗的变化趋势基本一致，具有几乎相同的传播损耗分布。

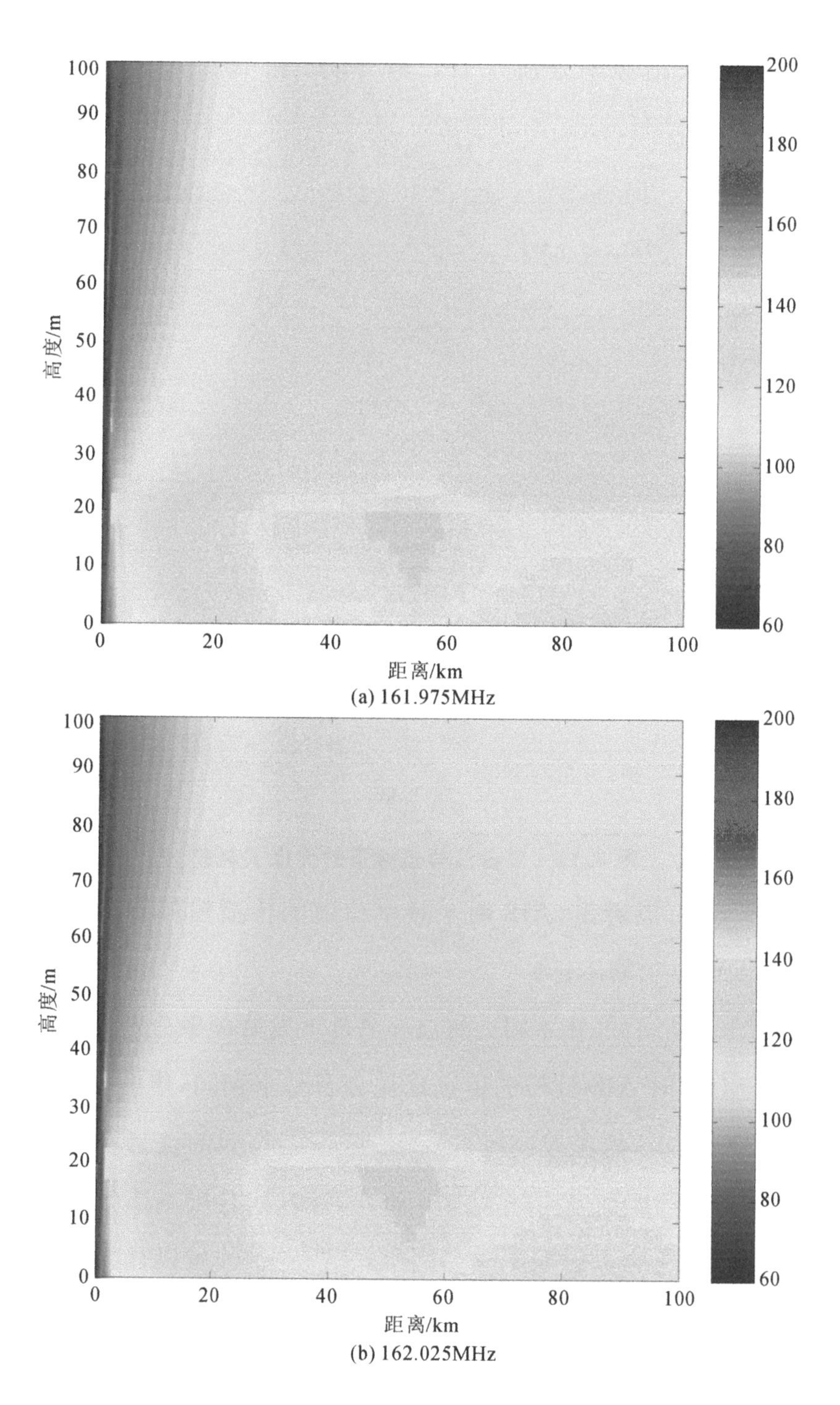

(a) 161.975MHz

(b) 162.025MHz

图 4.10 混合波导条件下的传播损耗

为了更加直观地揭示两个发射频率对接收到的 AIS 信号功率的影响，图 4.11 给出了发射频率分别为 161.975MHz 和 162.025MHz 时 AIS 信号的传播损耗差分布。

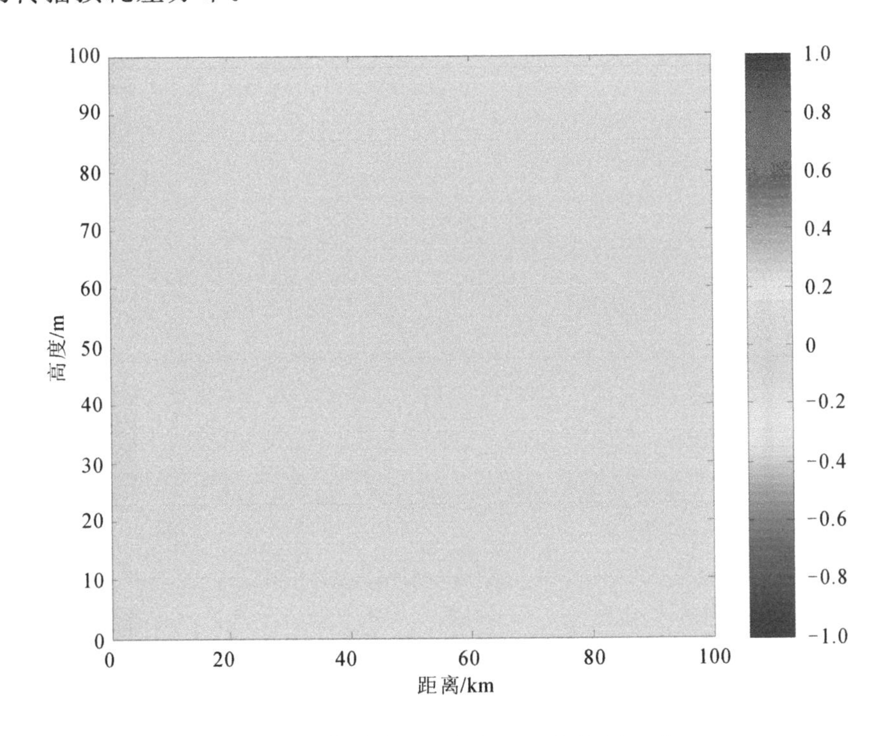

图 4.11　混合波导条件下的传播损耗差

从图 4.11 可以看出，AIS 两个频率信道的传播损耗差总体来说差别不大，基本上可以忽略不计。

通过以上分析可知，在不同大气波导条件下发射频率分别为161.975MHz 和 162.025MHz 时 AIS 信号的传播损耗分布基本相同，传播损耗差总体而言很小，都处于 1dB 的误差范围内，AIS 设备接收到的信号功率不会随着 AIS 发射频率的改变而产生较大的变动。因此，在利用 AIS 信号反演监测大气波导时可以忽略发射频率改变所带来的影响，即可以认为 AIS 为单频发射系统。

在基于传统智能算法的大气波导反演监测技术实现过程中，目标函数是衡量实际观测到的 AIS 信号功率数据和建模仿真获得的 AIS 信号功率数据之间匹配程度的标准，所以目标函数的选取对于波导反演性能具有十分重要的影响。鉴于此，选择较为常见的最小二乘函数构建反演过程中的目标函数，即

$$\varphi(\boldsymbol{m}) = e^T e \tag{4.2.1}$$

$$e = P_{r,\mathrm{dB}}^{\mathrm{obs}} - P_{r,\mathrm{dB}}(\boldsymbol{m}) - \hat{T} \tag{4.2.2}$$

$$\hat{T} = \bar{P}_{r,\mathrm{dB}}^{\mathrm{obs}} - \bar{P}_{r,\mathrm{dB}}(\boldsymbol{m}) \tag{4.2.3}$$

式中，$P_{r,\mathrm{dB}}^{\mathrm{obs}}$为实际接收到的 AIS 信号功率，$P_{r,\mathrm{dB}}(\boldsymbol{m})$为正演得到的 AIS 信号功率，$\boldsymbol{m}$ 为待反演大气波导参数矢量。

4.3 Lévy 飞行量子行为粒子群算法

本章利用量子行为粒子群算法反演大气波导，同时针对该算法的不足，对其进行改进，以便更好地对目标函数进行参数寻优，获得最优的波导反演结果。

4.3.1 量子行为粒子群算法

受鸟类运动的启发，1995 年，Kennedy 和 Eherhart 提出了粒子群(particle swarm optimization，PSO)算法，这是一种具有计算简单、易于实现等优点的群智能算法。PSO 算法将鸟群运动栖息地与待求解问题的可行解位置进行类比，从而引导鸟群通过个体之间的信息传递移向更好的位置或可行解。为方便起见，将鸟或个体抽象为没有大小和质量的粒子。粒子以轨迹的形式进行移动，而移动轨迹根据粒子的位置和速度进行确定，也就是说，当粒子以一定速度移动时，其轨迹是确定的。因此，PSO 算法的搜索

范围是有限的，不能覆盖待优化问题可行解的全部空间，这使得其无法搜索到全局最优解，也是其早熟收敛的主要原因。考虑到量子运动具有很大的不确定性，而且因为量子运动服从波-粒子二元论和量子空间中的不确定性原理这两个定律，使得粒子的运动范围扩大。基于以上特征，2004 年，孙俊等提出了一种新的群体智能优化算法，即量子行为粒子群（quantum-behaved particle swarm optimization，QPSO）算法。QPSO 算法采用完全随机的迭代方程，具有与 PSO 算法不同的进化方程，从而克服了 PSO 算法的缺点，是一种新型的进化算法。QPSO 算法具有全局收敛性能，而且除了种群大小、最大迭代次数和待求解问题维数这些算法参数，仅有一个控制参数，应用起来十分方便。近年来，QPSO 算法已成功应用于工程设计、图像处理和非线性数值问题求解等各种优化问题。

在 PSO 算法中，种群中的每个粒子代表待求解问题的一个可行解。可行解的优劣取决于适应度函数，而这由具体的待优化问题决定。在 t 时刻，第 i 个粒子在搜索空间中的位置可表示为

$$X_i(t)=(x_{i1}(t),x_{i2}(t),\cdots,x_{iD}(t)) \tag{4.3.1}$$

式中，D 为粒子的维度，$i=1,2,\cdots,K$，K 为种群中的粒子数。

每个粒子所经历的个体最优位置可表示为

$$P_{\text{best}_i}(t)=(P_{\text{best}_{i1}}(t),P_{\text{best}_{i2}}(t),\cdots,P_{\text{best}_{iD}}(t)) \tag{4.3.2}$$

种群中所有粒子所经历的全局最优位置可表示为

$$g_{\text{best}_i}(t)=(g_{\text{best}_{i1}}(t),g_{\text{best}_{i2}}(t),\cdots,g_{\text{best}_{iD}}(t)) \tag{4.3.3}$$

为了确保 PSO 算法的收敛性，根据对种群中粒子轨迹的分析，每个粒子都必须收敛于局部吸引子 $q_{ij}(t)$，即

$$q_{ij}(t)=\varphi_j p_{\text{best}_{ij}}(t)+(1-\varphi_j)g_{\text{best}_{ij}}(t),j=1,2,\cdots,D \tag{4.3.4}$$

式中，$\varphi_j=k_1r_{1j}/(k_1r_{1j}+k_2r_{2j})$，$r_{1j}$ 和 r_{2j} 是在(0,1)区间上均匀分布的随机数，k_1 和 k_2 表示学习因子。

假设种群中的粒子具有量子行为，其进化方程可表示为

$$x_{ij}(t+1)=q_{ij}(t)\pm\frac{L}{2}\ln(1/u),u\in U(0,1) \qquad (4.3.5)$$

式中,L 为决定种群中粒子搜索范围的 Delta 势阱特征长度,可表示为

$$L=2\alpha\times\left|m_{\text{best}_j}(t)-x_{ij}(t)\right| \qquad (4.3.6)$$

式中,α 为收缩-扩展系数,$m_{\text{best}}(t)$为种群中所有粒子最优位置的平均值,可表示为

$$\begin{aligned}m_{\text{best}}(t)&=(m_{\text{best}_1}(t),m_{\text{best}_2}(t),\cdots,m_{\text{best}_D}(t))\\&=\left(\frac{1}{K}\sum_{i=1}^{K}p_{\text{best}_{i1}}(t),\frac{1}{K}\sum_{i=1}^{K}p_{\text{best}_{i2}}(t),\cdots,\frac{1}{K}\sum_{i=1}^{K}p_{\text{best}_{iD}}(t)\right)\end{aligned} \qquad (4.3.7)$$

因此,粒子的进化方程式(4.3.5)可表示为

$$x_{ij}(t+1)=q_{ij}(t)\pm\alpha\left|m_{\text{best}_j}(t)-x_{ij}(t)\right|\ln(1/u) \qquad (4.3.8)$$

满足式(4.3.8)所示粒子进化方程的 PSO 模型被称为量子行为粒子群算法。

4.3.2 改进量子行为粒子群算法

人们普遍认为,随机化对启发式算法的优化性能起着重要的作用。这种随机化的本质是随机游走,是一个包含多个连续随机步骤的过程。Lévy 飞行是随机行走中的一类,具有在不确定环境中最大限度上提高资源搜索效率的潜能。因此,它被各种动物广泛用于觅食活动,如信天翁、果蝇和蜘蛛猴等。同样,研究人员发现 Lévy 飞行也可以用于改善启发式算法的性能。

Lévy 飞行是一个随机过程,其随机行走策略源自 Lévy 稳定分布,飞行距离的移动结合了短距离搜索和偶尔的长距离跳跃机制。Lévy 飞行服从 Lévy 分布,可表示为

$$\text{Lévy}(\kappa)\sim u=t^{-\kappa},1<\kappa<3 \qquad (4.3.9)$$

Lévy 飞行的步长可表示为

$$s = \frac{\mu}{|\nu|^{1/\gamma}} \tag{4.3.10}$$

式中，$\gamma=\kappa-1$，μ 和 ν 服从正态分布，即

$$\mu \sim N(0,\sigma_\mu^2),\nu \sim N(0,\sigma_\nu^2) \tag{4.3.11}$$

σ_μ 和 σ_ν 可由下式得到

$$\sigma_\mu = \left\{\frac{\Gamma(1+\gamma)\sin(\pi\gamma/2)}{\gamma 2^{(\gamma-1)/2}\Gamma[(1+\gamma)/2]}\right\}^{1/\gamma},\sigma_\nu = 1 \tag{4.3.12}$$

式中，Γ 表示标准伽马函数。

将 Lévy 飞行机制应用于 QPSO 算法，可得新的粒子进化方程为

$$\begin{aligned} X_i(t+1) &= X_i(t)+\beta \otimes \text{Lévy}(\kappa) \\ &= X_i(t)+\beta \otimes 0.01 \frac{\mu}{|\nu|^{1/\gamma}}(X_i(t)-g_{\text{best}_i}(t)) \end{aligned} \tag{4.3.13}$$

式中，β 表示转移概率，$\otimes$表示逐乘。

尽管 QPSO 算法具有比标准 PSO 算法更优秀的全局搜索性能，但是同 PSO 算法一样，由于在迭代过程后期种群多样性的减少，QPSO 算法也容易过早收敛，从而陷入局部最优解。为了提高 QPSO 算法的全局收敛性能，将 Lévy 飞行机制和 QPSO 算法进行结合，本书提出了 Lévy 飞行量子行为粒子群(Lévy flight quantum-behaved particle swarm optimization，LFQPSO)算法。LFQPSO 算法的主要流程描述如下。

(1)初始化种群大小、粒子的初始位置和初始速度以及最大迭代次数。

(2)计算种群中所有粒子的适应度值。

(3)更新种群中每个粒子的个体最优位置和全局最优位置。

(4)利用式(4.3.8)更新每个粒子的位置。

(5)执行 Lévy 飞行，并通过式(4.3.13)更新粒子的位置。

(6)如果满足迭代终止条件，则继续进行下一步，否则返回(2)。

(7)输出最优解。

4.3.3 LFQPSO 算法的性能测试

为了评估 Lévy 飞行量子行为粒子群算法的性能，选定了 6 个标准测试函数，其中 Rosenbrock 函数和 Sphere 函数为单峰函数，Ackley 函数、Griewank 函数、Rastrigin 函数和 Schwefel 函数为多峰函数。表 4.1 给出了 6 个标准测试函数具体的函数表达式、搜索范围和初始化范围。

表 4.1 6 个测试函数的参数

函数名称	函数表达式	搜索范围	初始化范围
Sphere	$f_1=\sum_{i=1}^{n}x_i^2$	[−100,100]	[−100,50]
Rosenbrock	$f_2=\sum_{i=1}^{n-1}[100\,(x_{i+1}-x_i^2)^2+(x_i-1)^2]$	[−10,10]	[−10,10]
Ackley	$f_3=-20\exp\left\{-0.2\sqrt{\frac{1}{n}\sum_{i=1}^{n}x_i^2}\right\}-\exp\left\{\frac{1}{n}\sum_{i=1}^{n}\cos(2\pi x_i)\right\}+20+e$	[−32,32]	[−32,16]
Griewank	$f_4=\frac{1}{4000}\sum_{i=1}^{n}x_i^2-\prod_{i=1}^{n}\cos\left(\frac{x_i}{\sqrt{i}}\right)+1$	[−600,600]	[−600,200]
Rastrigin	$f_5=\sum_{i=1}^{n}[x_i^2-10\cos(2\pi x_i)+10]$	[−5.12,5.12]	[−5.12,2]
Schwefel	$f_6=418.9829\times n-\sum_{i=1}^{n}x_i\sin(\sqrt{\lvert x_i\rvert})$	[−500,500]	[−500,500]

为了验证 LFQPSO 算法的性能，将其与 QPSO 算法进行对比分析。两种优化算法的参数设置：QPSO 算法的学习因子为 $k_1=k_2=2$，收缩-扩展系数 α 从初始 1 线性减小到 0.5，种群中的粒子数为 30，最大迭代次数为 4000；LFQPSO 算法的参数 γ 选择为 1.5，其余参数设置同 QPSO 算法。

两种算法的运行环境为 MATLAB 2016a，CPU 为 Intel i5，主频为 3.2GHz，具有 16GB 系统内存的计算机。表 4.2 给出了当 6 个标准测试函数的维数分别取 10、20、30 时两种优化算法独立运行 60 次所取得的平均最优值。

表 4.2　LFQPSO 算法和 QPSO 算法的测试结果

维数	10		20		30	
测试函数	LFQPSO	QPSO	LFQPSO	QPSO	LFQPSO	QPSO
f_1	1.36e−096	6.12e−103	1.73e−051	3.92e−067	1.25e−032	7.82e−041
f_2	5.19e−001	9.81e−001	6.27e+000	8.39e+000	1.21e+001	1.58e+001
f_3	1.41e−015	1.43e−015	4.24e−015	4.35e−015	8.16e−015	8.29e−015
f_4	0.00e+000	7.31e−002	0.00e+000	2.65e−002	0.00e+000	8.62e−003
f_5	0.00e+000	3.14e+000	9.18e−002	9.27e+000	1.93e−001	1.84e+001
f_6	7.91e+000	5.91e+002	8.31e+000	1.16e+003	4.17e+001	3.75e+003

从表 4.2 可以看出，就简单的单峰函数 f_1 而言，QPSO 算法的优化结果更好。然而，相比于 QPSO 算法，LFQPSO 算法在 Rosenbrock 函数和其余 4 个多峰测试函数上均获得了更好的优化结果。这是由于当 QPSO 算法陷入局部最小值时，LFQPSO 算法具有更大的粒子搜索空间和更强的全局搜索能力，从而能够跳出局部最小值。因此，LFQPSO 算法更加适合求解复杂的多峰函数优化问题。

4.4　仿真与验证

为了验证 AIS 信号反演监测大气波导的可行性，将通过仿真研究表面波导、抬升波导和混合波导的反演监测效果。同时，为了对目标函数进行优化，将 LFQPSO 算法作为反演算法以获得最优波导参数解。

4.4.1 表面波导反演

首先研究 AIS 信号反演监测表面波导问题，并将 LFQPSO 算法的反演监测结果与 QPSO 算法进行对比分析。仿真参数：极化方式为垂直极化。对于表面波导来说，需要反演一组四参数矢量$\boldsymbol{m}=(c_1, z_b, z_{\text{thick}}, \Delta M)$，表 4.3 给出了表面波导 4 个参数的具体搜索范围。为了对表面波导参数进行反演，将 $\boldsymbol{m}=(0.13,40,20,50)$代入式(2.3.29)生成的信号功率被认为是 AIS 设备实际接收到的信号功率。用于表面波导参数反演的 LFQPSO 算法的参数设置：种群大小为 30，最大优化迭代次数为 60，学习因子为 $k_1=k_2=2$，收缩-扩展系数 α 从初始 1 线性减小到 0.5，参数γ为 1.5。

表 4.3 表面波导参数的搜索范围

波导参数	下限	上限	单位
波导底层斜率 c_1	0	0.25	M/m
波导基底高度 z_b	25.0	50.0	m
波导陷获层厚度 z_{thick}	10.0	30.0	m
波导强度 ΔM	10	105	M

为了定量分析 LFQPSO 算法和 QPSO 算法在反演表面波导参数时的性能，每次反演过程重复运行 20 次，然后将这 20 次反演结果的平均值作为最终反演值。表 4.4 给出了基于相对误差(relative error, RE)的表面波导参数反演统计结果。相对误差越小，反演结果越好。

表 4.4　LFQPSO 算法和 QPSO 算法的反演性能对比

波导参数	LFQPSO 算法		QPSO 算法	
	反演值	RE	反演值	RE
c_1	0.131	0.77%	0.071	45.38%
z_b	40.151	0.38%	41.804	4.51%
z_{thick}	19.834	0.83%	21.095	5.48%
ΔM	49.724	0.55%	45.418	9.16%

从表 4.4 可以看出，LFQPSO 算法反演得到的表面波导参数明显比 QPSO 算法的反演值更准确。此外，LFQPSO 算法所得反演结果的相对误差小于 QPSO 算法，表明 LFQPSO 算法对于表面波导参数的反演具有更好的精度。

图 4.12 给出了基于两种算法所得反演结果的表面波导修正折射率剖面。

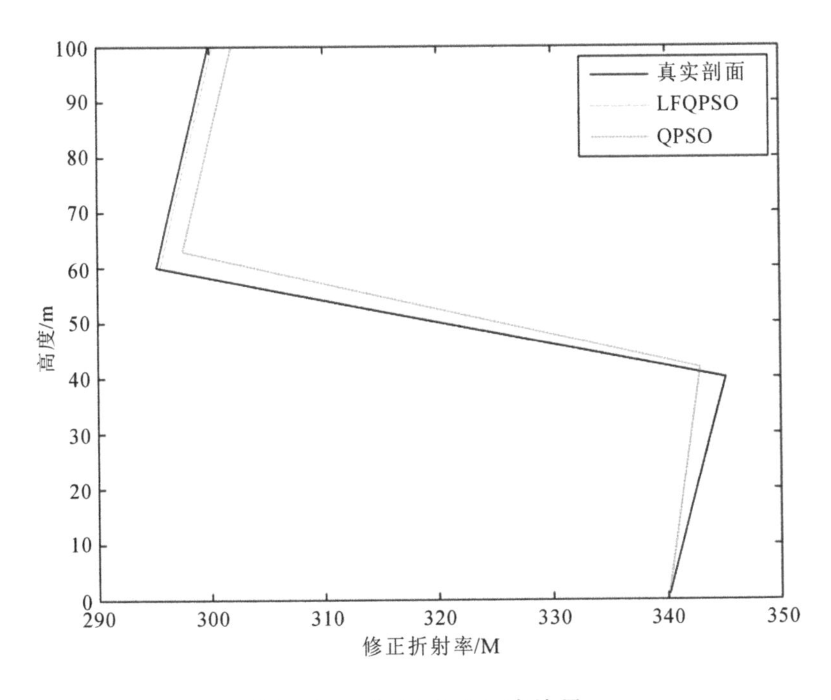

图 4.12　表面波导反演结果

从图 4.12 可以看出，与 QPSO 算法相比，LFQPSO 算法反演得到的大气修正折射率剖面与真实折射率剖面匹配程度更高。反演结果表明，基于 AIS 信号的大气波导反演监测方法对于表面波导的反演监测是可行的。

图 4.13 给出了 LFQPSO 算法和 QPSO 算法所得反演结果的传播损耗差分布，这里传播损耗差被定义为真实大气波导参数对应的传播损耗减去反演得到的波导参数对应的传播损耗。

对比图 4.13(a)和图 4.13(b)可以看出，LFQPSO 算法所得反演结果的传播损耗差比 QPSO 算法小得多。因此，将 LFQPSO 算法反演得到的大气波导参数输入 AIS 信号正向传播模型可以用来拟合 AIS 信号的传播特性。

在实际应用中，接收到的 AIS 信号功率数据通常会受到噪声的干扰。因此，为了提高大气波导反演性能，所采用的反演算法必须具有一定的抗噪能力。为了分析 LFQPSO 算法在反演表面波导参数时的抗噪能力，将具有 5dB 和 10dB 噪声电平的高斯白噪声添加到模拟的 AIS 信号功率中作为实际接收到的 AIS 信号功率，并进行大气波导参数的反演。表 4.5 给出了不同噪声电平假设情况下 LFQPSO 算法的表面波导反演监测结果。

表 4.5　不同噪声电平情况下 LFQPSO 算法的反演性能

波导参数	反演值		
	0dB	5dB	10dB
c_1	0.131	0.141	0.100
z_b	40.151	40.674	37.988
z_{thick}	19.834	19.577	20.016
ΔM	49.724	52.819	46.015

图 4.14 给出了基于表 4.5 中 LFQPSO 算法所得反演结果的大气修正折射率剖面。

从图 4.14 可以看出，在 5dB 和 10dB 的噪声电平下，LFQPSO 算法在

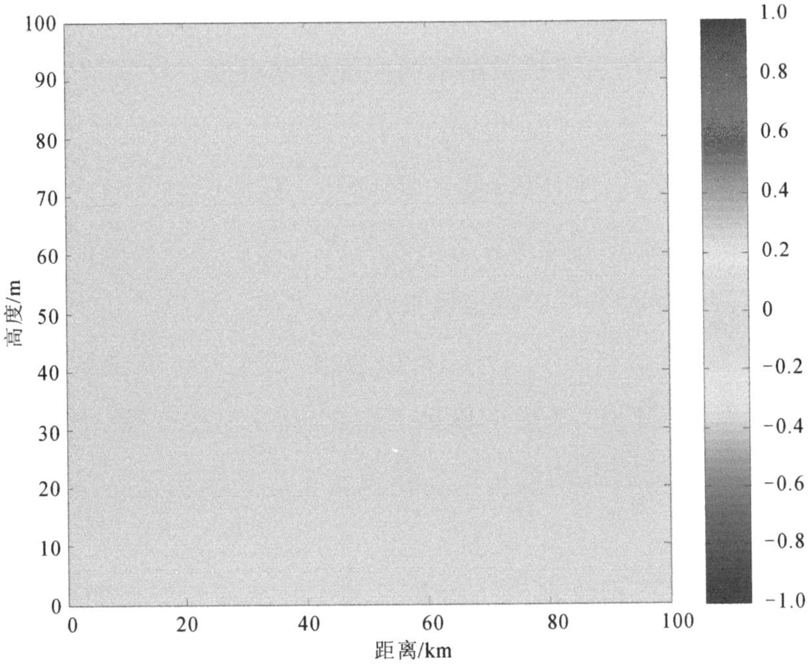

(a) LFQPSO算法

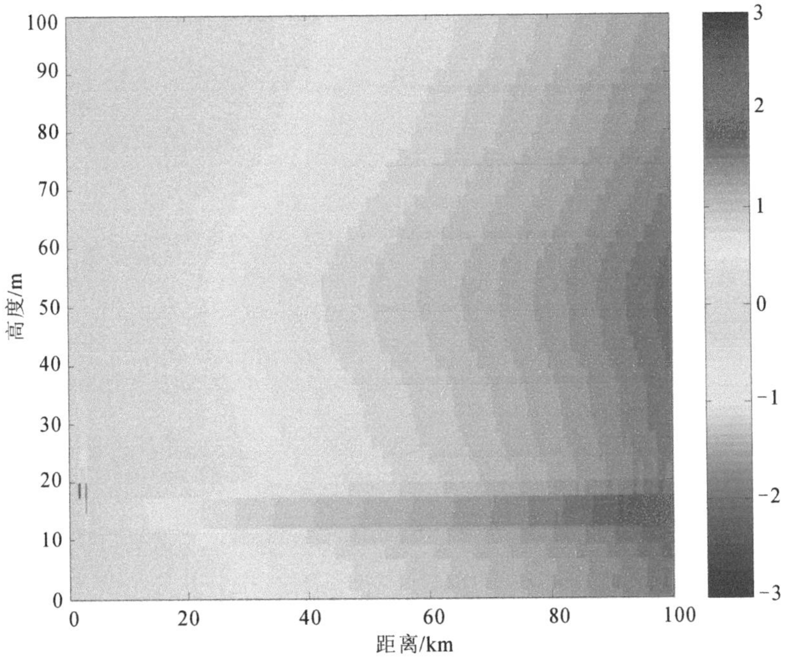

(b) QPSO算法

图 4.13　传播损耗差

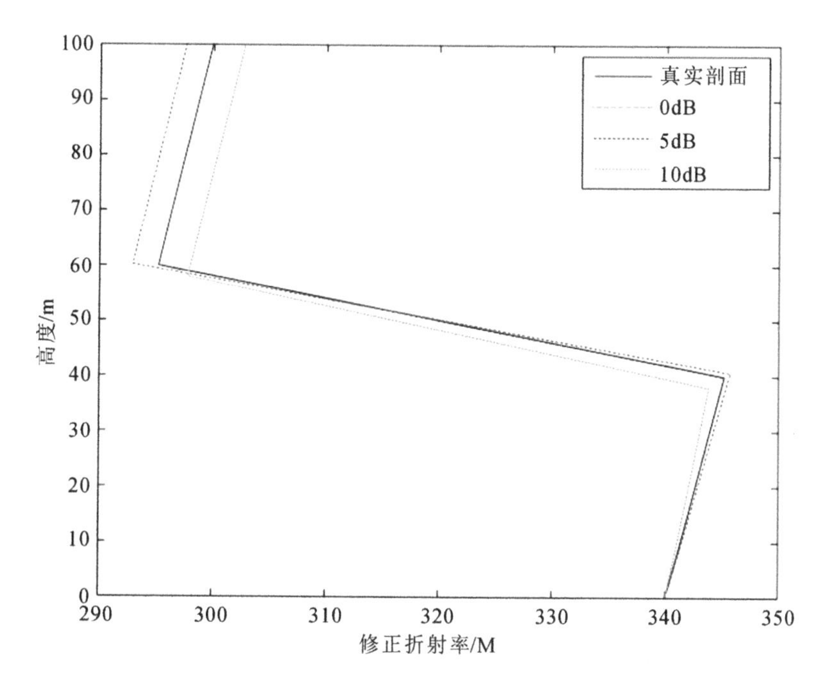

图 4.14 不同噪声电平情况下的表面波导反演结果

反演准确性和稳定性方面仍然表现良好。尽管反演误差略大于没有噪声的情况，但总体而言反演精度是可以接受的，表明 LFQPSO 算法在反演表面波导参数时具有一定的抗噪能力。

图 4.15(a)和图 4.15(b)分别给出了 5dB 和 10dB 噪声电平情况下LFQPSO 算法所得反演结果的传播损耗差分布。

从图 4.15(a)和图 4.15(b)的对比中可以看出，随着噪声电平的增加，传播损耗差逐渐增大，但都处于 4dB 的误差范围内，表明 LFQPSO 算法在反演表面波导参数时具有一定的抗噪能力，可以用来反演表面波导。

4.4.2 抬升波导反演

为研究抬升波导的反演监测问题，将 LFQPSO 算法作为反演算法，并与 QPSO 算法的反演监测结果进行对比分析。仿真参数：天线架设高度为100m，极化方式为垂直极化。对于抬升波导来说，需要反演的波导参数为

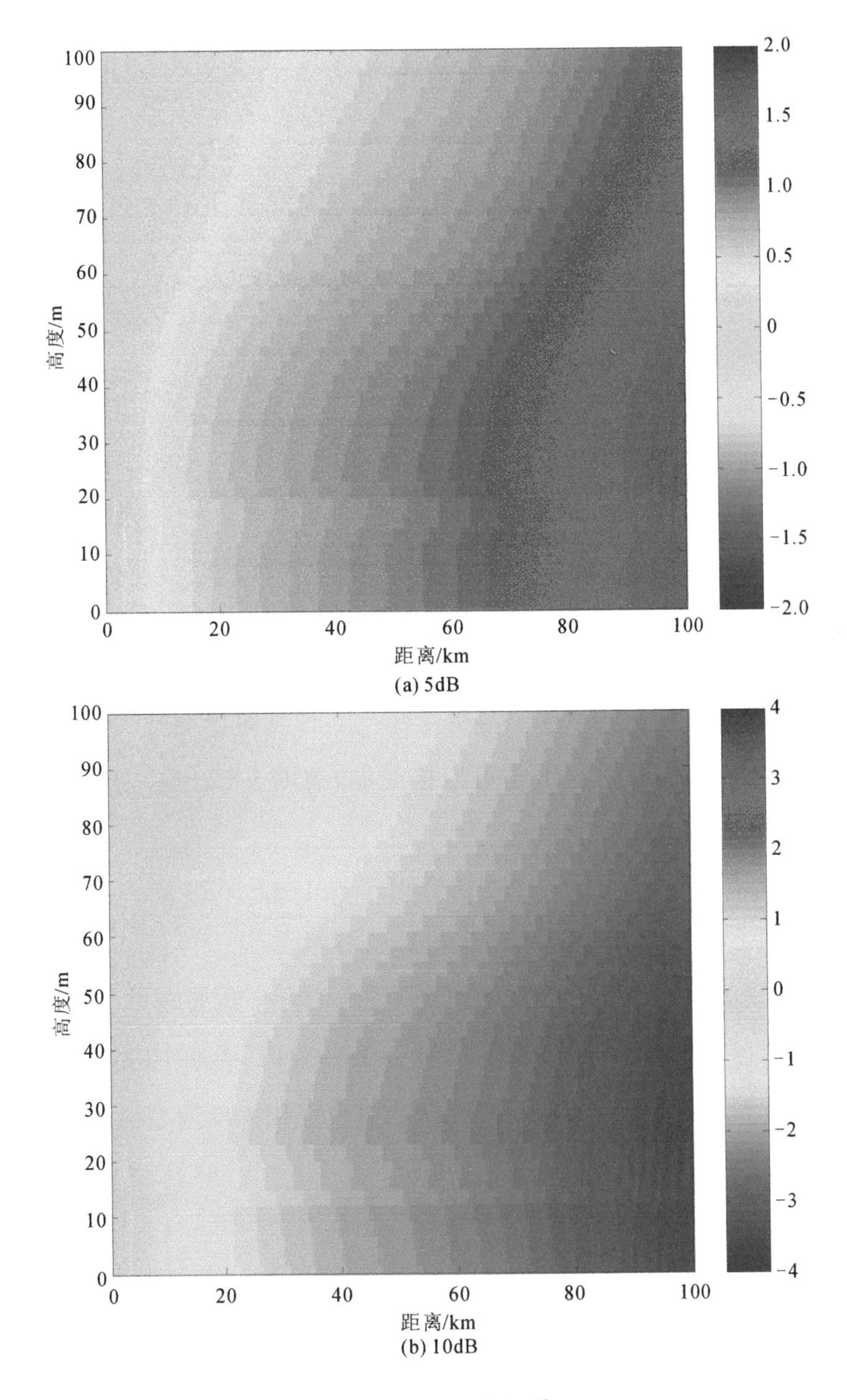
100
90
80
70
60
50
40
30
20
10
0
高度/m
0
20
40
60
80
100
距离/km
2.0
1.5
1.0
0.5
0
-0.5
-1.0
-1.5
-2.0
(a) 5dB
4
3
2
1
0
-1
-2
-3
-4
(b) 10dB

图 4.15 传播损耗差

一组四参数矢量 $\boldsymbol{m}=(c_1, z_b, z_{\text{thick}}, \Delta M)$，抬升波导参数的具体搜索范围如表 4.6 所示。为了反演抬升波导参数，将 $\boldsymbol{m}=(0.2,260,40,30)$ 代入式(2.3.29)生成的 AIS 信号功率被认为是实际接收到的 AIS 信号功率。用于抬升波导参数反演的 LFQPSO 算法的参数设置如下：种群大小为 30，最大迭代次数为 100，学习因子为 $k_1=k_2=2$，收缩-扩展系数 α 从初始 1 线性减小到 0.5，参数 γ 为 1.5。

表 4.6 抬升波导参数的搜索范围

波导参数	下限	上限	单位
波导底层斜率 c_1	−1	0.4	M/m
波导基底高度 z_b	3	300	m
波导陷获层厚度 z_{thick}	0	100	m
波导强度 ΔM	0	100	M

为了定量分析 LFQPSO 算法和 QPSO 算法反演抬升波导参数的性能，每次反演过程重复运行 20 次，然后将这 20 次反演结果的平均值作为最终反演值。表 4.7 给出了基于相对误差的抬升波导反演的统计结果。

表 4.7 LFQPSO 算法和 QPSO 算法的反演性能对比

波导参数	LFQPSO 算法		QPSO 算法	
	反演值	RE	反演值	RE
c_1	0.205	2.50%	0.186	7.00%
z_b	262.179	0.84%	263.375	1.30%
z_{thick}	39.091	2.27%	41.837	4.59%
ΔM	31.175	3.92%	28.091	6.36%

从表 4.7 可以看出，LFQPSO 算法反演得到的抬升波导参数值比 QPSO算法反演的波导参数值更接近于真实值，而且具有更小的相对误差。因此，与 QPSO 算法相比，LFQPSO 算法在反演抬升波导参数时精

度更高。

图 4.16 给出了两种算法所得反演结果的大气修正折射率剖面。

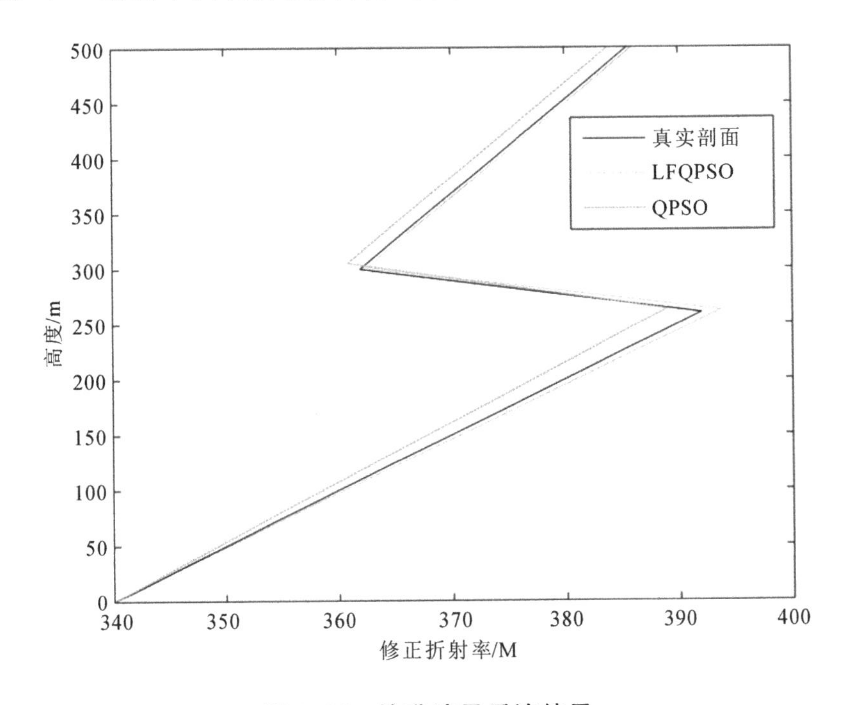

图 4.16　抬升波导反演结果

从图 4.16 可以看出，LFQPSO 算法反演得到的大气修正折射率剖面与真实折射率剖面匹配良好，即 LFQPSO 算法所得反演剖面可以更好地拟合真实剖面。同时，反演结果也表明，利用 AIS 信号反演监测抬升波导是可行的。

图 4.17(a)和图 4.17(b)分别给出了 LFQPSO 算法和 QPSO 算法所得反演结果的传播损耗差分布。

从图 4.17(a)和图 4.17(b)的对比中可以看出，LFQPSO 算法所得反演结果的传播损耗差小于 QPSO 算法。因此，LFQPSO 算法具有更好的反演性能。

实际情况下，AIS 设备接收到的 AIS 信号通常含有噪声，因此，大气波导反演所采用的优化算法必须具有一定的抗噪能力。为了分析 LFQPSO 算法在反演抬升波导参数时的抗噪能力，分别将具有 5dB 和 10dB 噪声电平的高

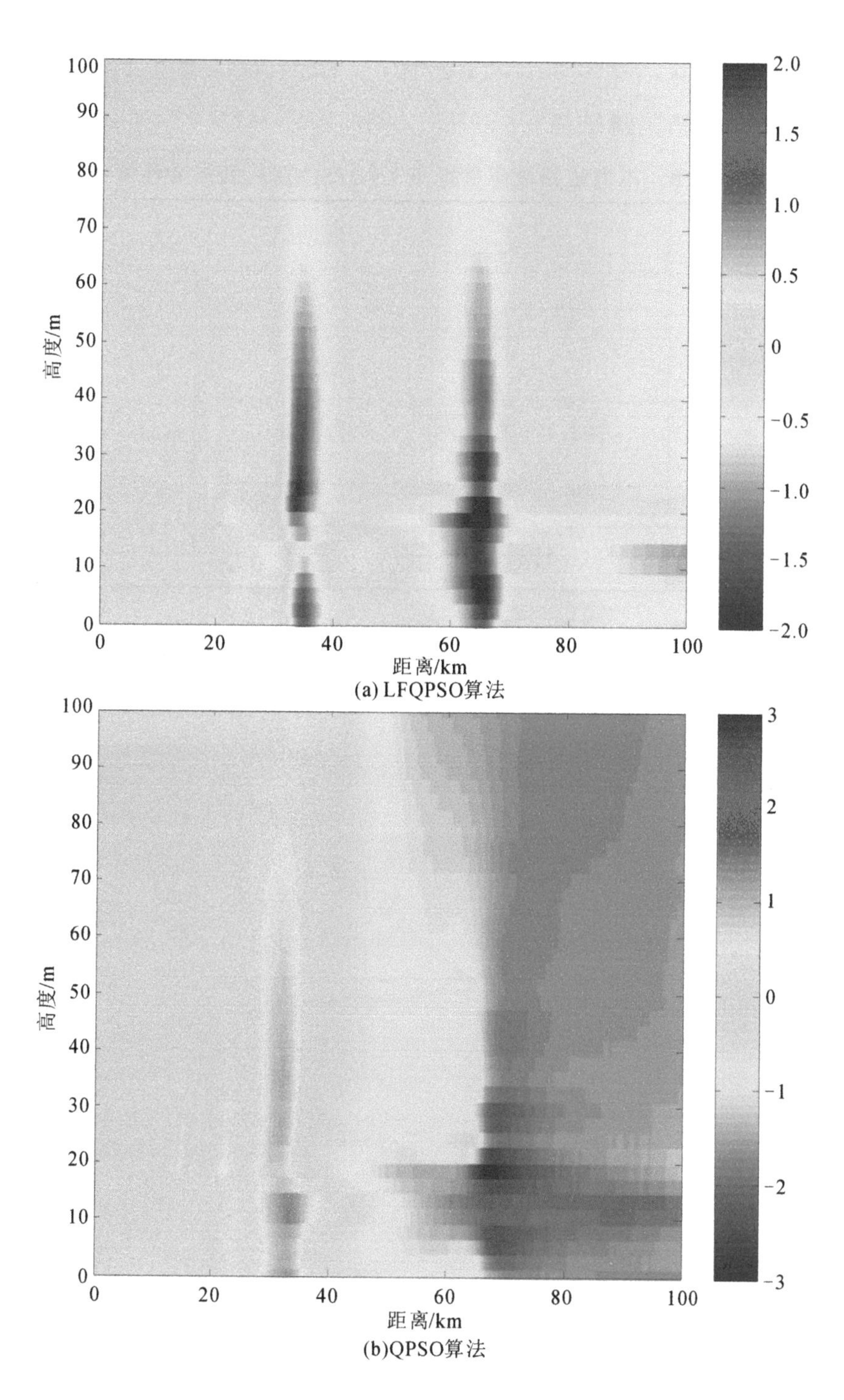

图 4.17 传播损耗差

斯白噪声添加到模拟的 AIS 信号功率中作为实际接收到的 AIS 信号功率反演抬升波导参数。表 4.8 给出了不同噪声电平假设情况下 LFQPSO 算法的抬升波导反演监测结果。

表 4.8　不同噪声电平情况下 LFQPSO 算法的反演性能

波导参数	反演值		
	0dB	5dB	10dB
c_1	0.205	0.208	0.189
z_b	262.179	262.792	257.173
z_{thick}	39.091	40.381	42.032
ΔM	31.175	31.556	28.037

图 4.18 给出了基于表 4.8 中 LFQPSO 算法所得反演结果的大气修正折射率剖面。

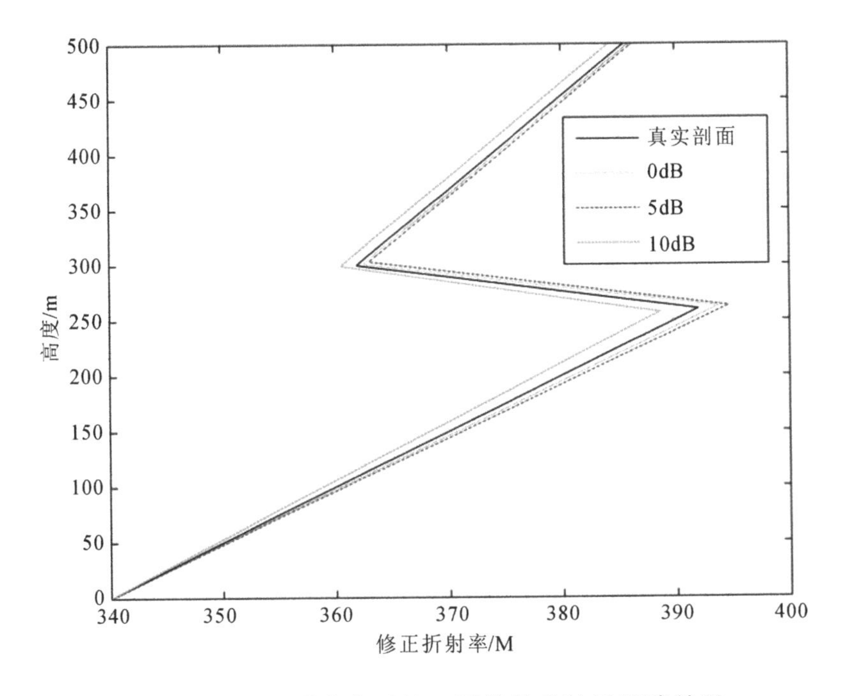

图 4.18　不同噪声电平情况下的抬升波导反演结果

从图 4.18 可以看出，随着噪声电平的增加，LFQPSO 算法反演得到的大气修正折射率剖面与真实折射率剖面的拟合性逐渐变差。尽管反演准确度低于无噪声情况，但总体来说反演得到的大气修正折射率剖面仍然可以较好地拟合真实剖面。

图 4.19(a)和图 4.19(b)分别给出了 5dB 和 10dB 噪声电平情况下 LFQPSO 算法所得反演结果的传播损耗差分布。从图 4.19(a)和图 4.19(b)的对比中可以看出，随着噪声电平的增加，传播损耗差略有增大，但都处于 3dB 的误差范围内，表明 LFQPSO 算法在反演抬升波导参数时具有一定的抗噪能力，将反演得到的波导参数输入 AIS 信号正向传播模型可以用来拟合 AIS 信号在抬升波导条件下的正向传播特性。

4.4.3 混合波导反演

本节将通过仿真研究两种类型混合波导的反演监测问题，并将 LFQPSO 算法的反演监测结果与 QPSO 算法进行对比分析。对于混合波导来说，需要反演一组五参数矢量 $\boldsymbol{m}=(d, c_1, z_b, z_{\text{thick}}, \Delta M)$，表 4.9 给出了混合波导 5 个参数的搜索范围。接下来首先研究蒸发波导和有基础层表面波导相结合的混合波导反演监测问题，将波导参数矢量 $\boldsymbol{m}=(20, 0.118, 100, 50, 30)$输入 AIS 信号正向传播模型，产生的 AIS 信号功率作为实际接收到的 AIS 信号功率反演混合波导参数。仿真参数：极化方式为垂直极化。用于混合波导参数反演的LFQPSO 算法的参数设置如下：种群大小为 60，最大优化迭代次数为 100，学习因子为 $k_1=k_2=2$，收缩-扩展系数 α 从初始 1 线性减小到 0.5，参数γ为 1.5。

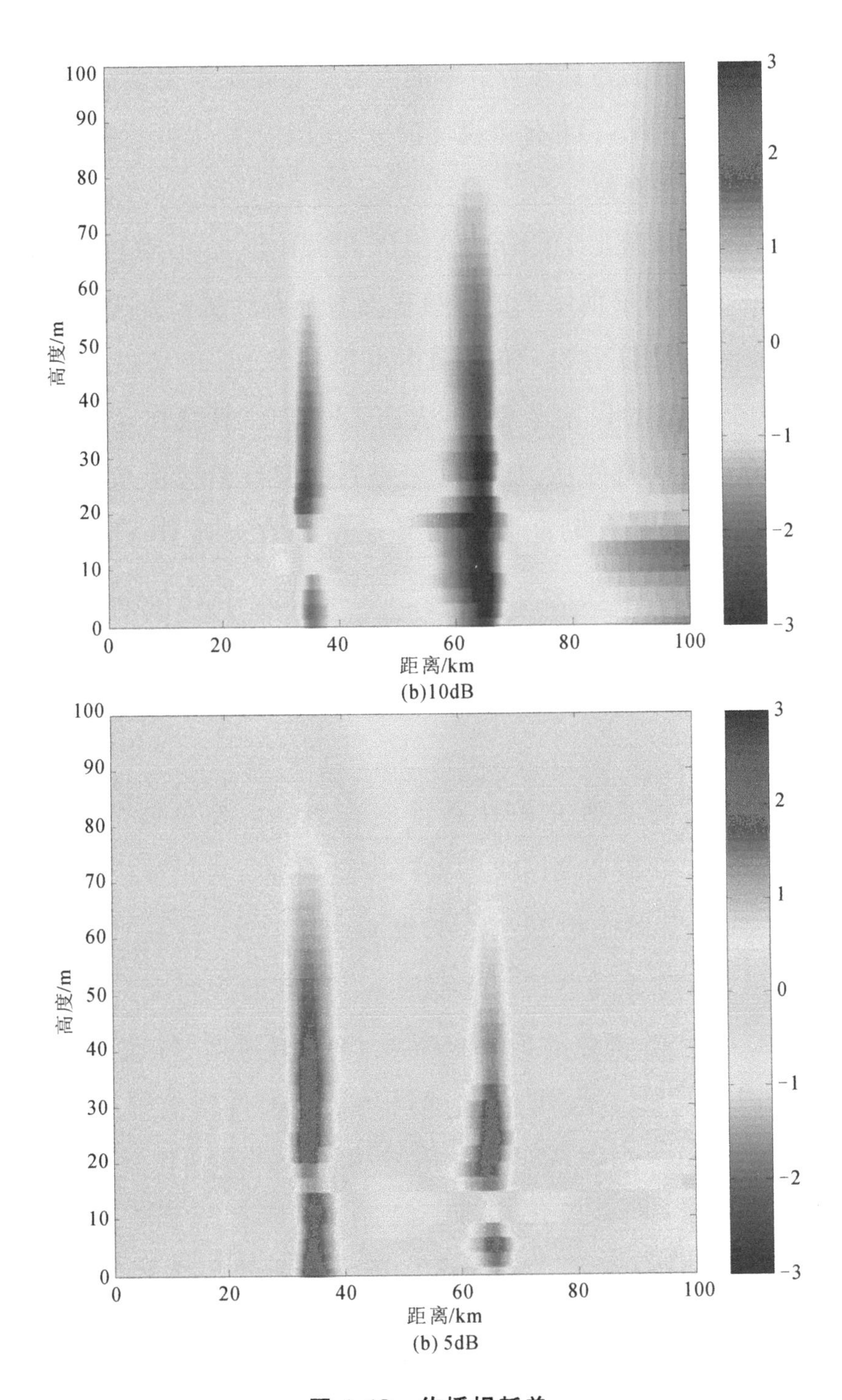

图 4.19　传播损耗差

表 4.9 混合波导参数的搜索范围

波导参数	下限	上限	单位
蒸发波导高度 d	0	40	m
波导混合层斜率 c_1	−1	0.4	M/m
波导基底高度 z_b	3	300	m
波导陷获层厚度 z_{thick}	0	100	m
波导强度 ΔM	0	100	M

为了定量分析 LFQPSO 算法和 QPSO 算法反演蒸发波导和有基础层表面波导相结合的混合波导参数的性能，每次反演过程重复运行 20 次，然后将 20 次反演结果的平均值作为最终反演值。表 4.10 给出了基于相对误差的蒸发波导和有基础层表面波导相结合的混合波导参数反演的统计结果。

表 4.10 LFQPSO 算法和 QPSO 算法的反演性能对比

波导参数	LFQPSO 算法		QPSO 算法	
	反演值	RE	反演值	RE
d	17.137	14.31%	15.984	20.08%
c_1	0.116	1.69%	0.134	13.56%
z_b	100.972	0.97%	96.378	3.62%
z_{thick}	49.379	1.24%	53.137	6.27%
ΔM	29.715	0.95%	32.472	8.24%

从表 4.10 可以看出，通过 LFQPSO 算法反演得到的蒸发波导和有基础层表面波导相结合的混合波导参数明显比通过 QPSO 算法获得的反演值更准确，相对误差更小，即 LFQPSO 算法在反演混合波导参数时精度更高。此外，两种算法反演得到的蒸发波导高度的相对误差都比较大，远高于其他波导参数的反演误差，表明 AIS 信号反演监测大气波导方法对于蒸发波导高度的反演具有不敏感性，这主要是由于蒸发波导对 AIS 信号传播特性的影响很小。

图 4.20 给出了基于表 4.10 中两种算法所得反演结果的蒸发波导和有基础层表面波导相结合的混合波导修正折射率剖面。

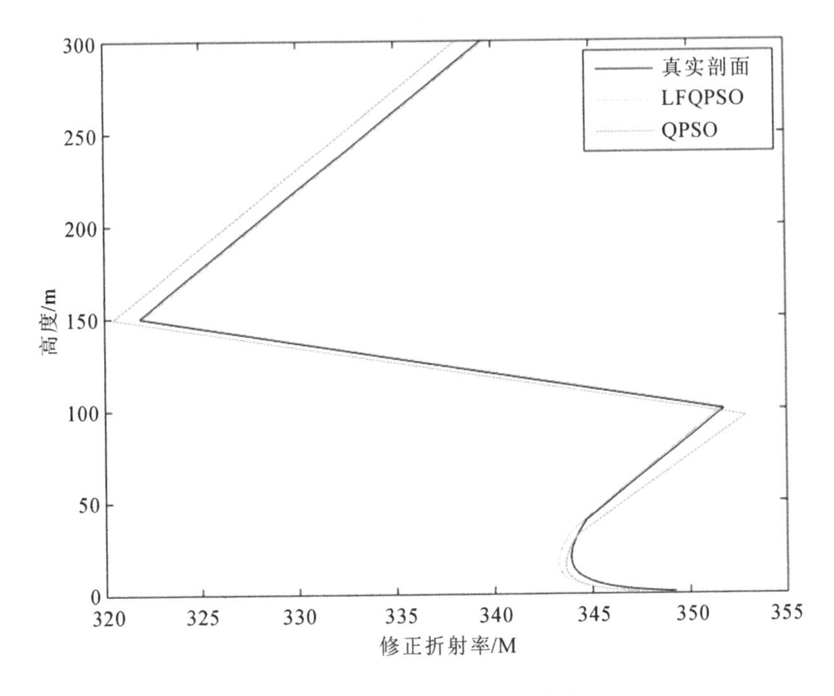

图 4.20　混合波导反演结果

从图 4.20 可以看出，LFQPSO 算法反演得到的大气修正折射率剖面与真实折射率剖面拟合度更高，即 LFQPSO 算法的反演精度高于 QPSO 算法。反演结果表明，基于 AIS 信号的大气波导反演监测方法可以用来反演监测蒸发波导和有基础层表面波导相结合的混合波导。

图 4.21(a)和图 4.21(b)分别给出了 LFQPSO 算法和 QPSO 算法反演所得蒸发波导和有基础层表面波导相结合的混合波导参数的传播损耗差分布。

从图 4.21(a)和图 4.21(b)的对比中可以看出，LFQPSO 算法所得反演结果的传播损耗差小于 QPSO 算法，具有更好的反演效果。

为了分析 LFQPSO 算法在反演蒸发波导和有基础层表面波导相结合的混合波导参数时的抗噪能力，将具有 5dB 和 10dB 噪声电平的高斯白噪声添加到模拟的 AIS 信号功率中作为实际接收到的 AIS 信号功率反演混合波导参数。不同噪声电平假设情况下 LFQPSO 算法的混合波导反演监测结果如表 4.11 所示。

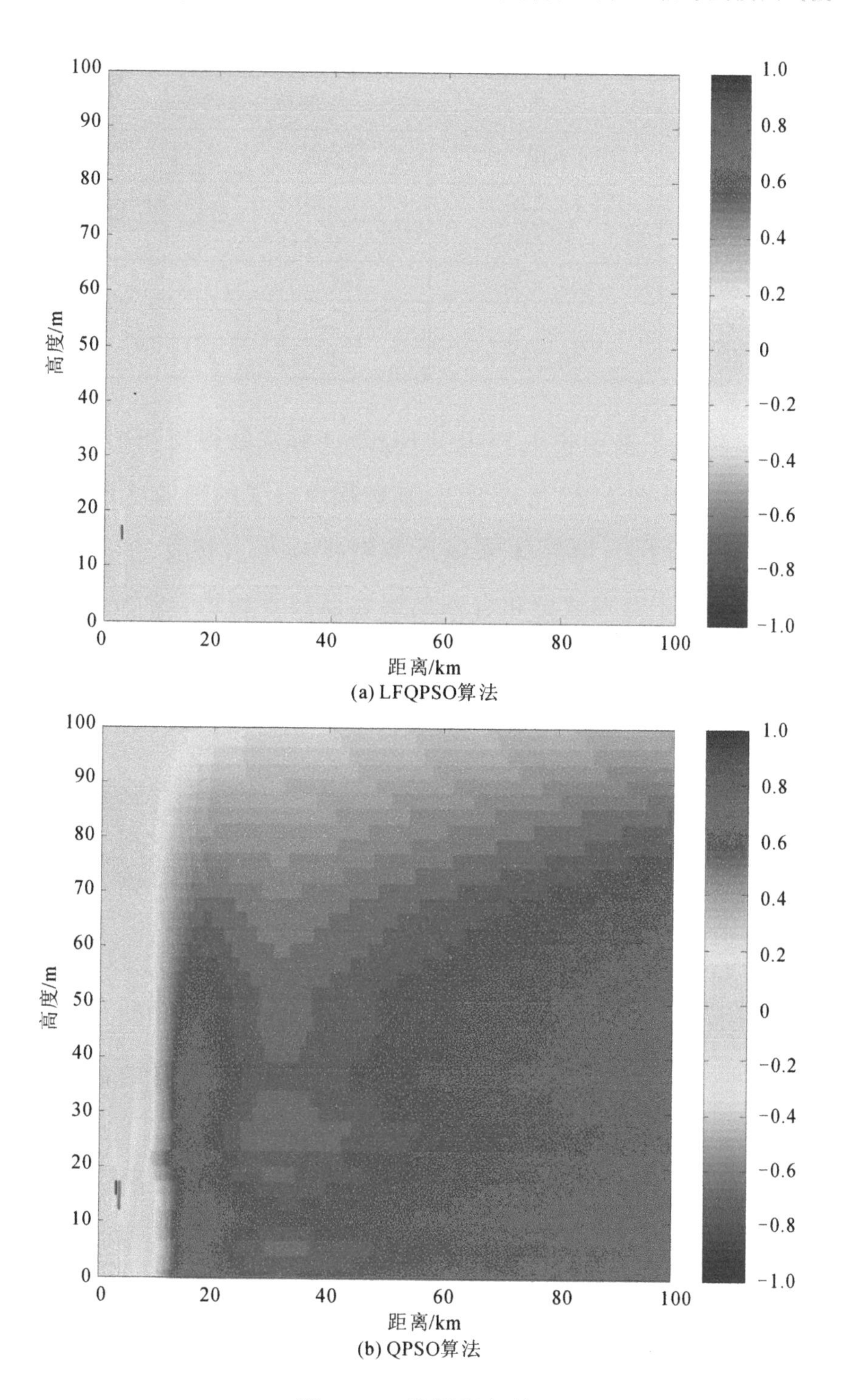

图 4.21 传播损耗差

表 4.11　不同噪声电平情况下 LFQPSO 算法的反演性能

波导参数	反演值		
	0dB	5dB	10dB
d	17.137	15.363	26.143
c_1	0.116	0.115	0.113
z_b	100.972	101.037	98.548
z_{thick}	49.379	51.089	48.789
ΔM	29.715	31.079	32.438

图 4.22 给出了基于表 4.11 中 LFQPSO 算法所得反演结果的大气修正折射率剖面。从图 4.22 可以看出，随着噪声电平的增加，LFQPSO 算法的反演误差逐渐增大，但总体来说反演精度处于可接受的范围内，表明 LFQPSO 算法对于蒸发波导和有基础层表面波导相结合的混合波导参数的反演具有良好的鲁棒性。

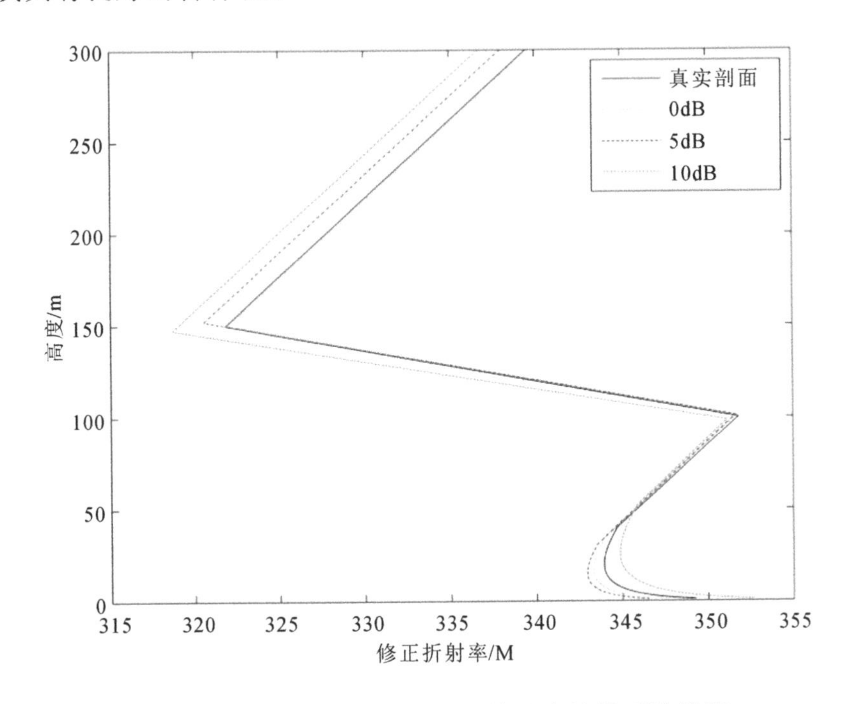

图 4.22　不同噪声电平情况下的混合波导反演结果

图 4.23 给出了不同噪声电平情况下 LFQPSO 算法反演所得蒸发波导和有基础层表面波导相结合的混合波导参数的传播损耗差分布。

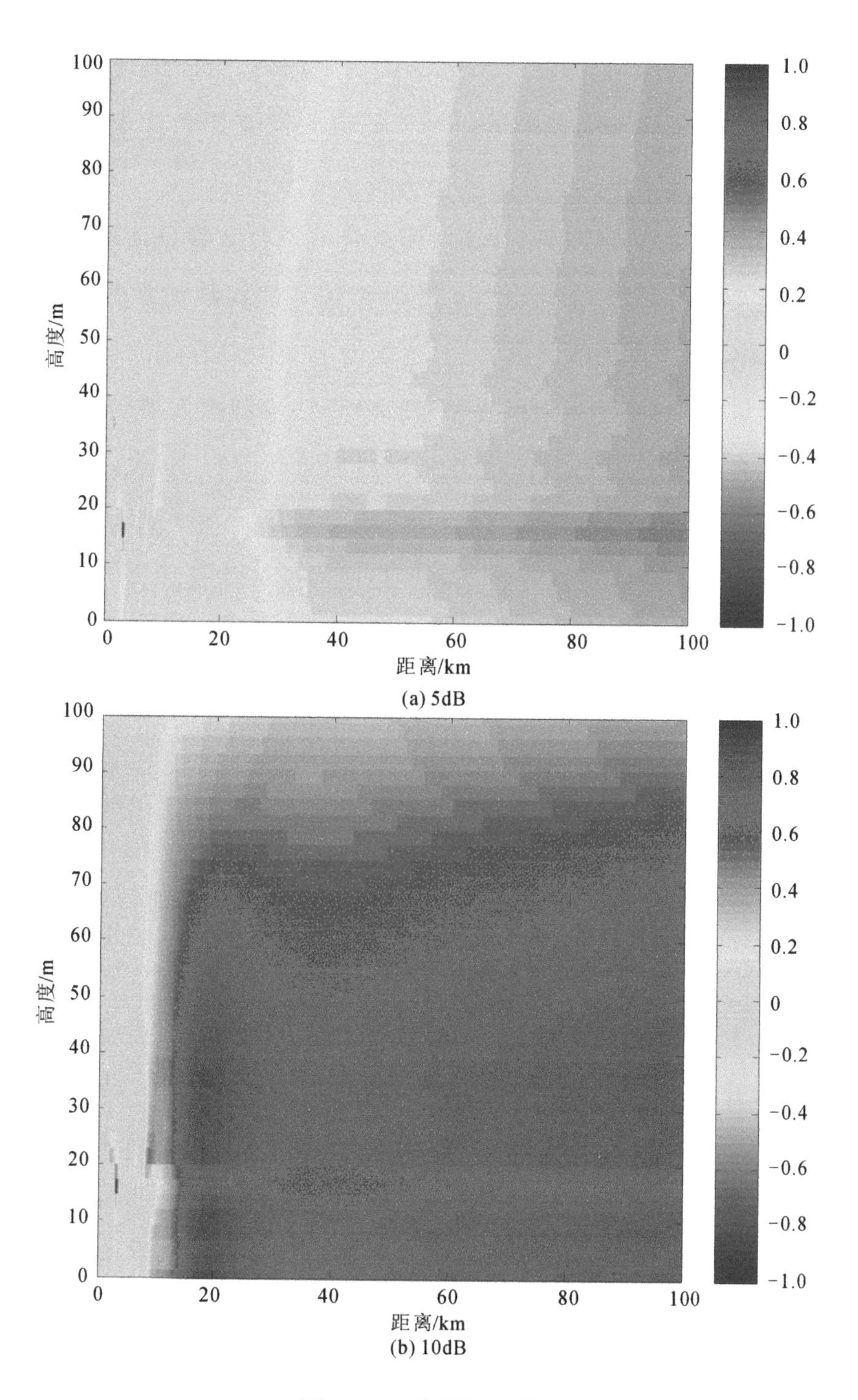

(a) 5dB

(b) 10dB

图 4.23 传播损耗差

从图 4.23(a)和图 4.23(b)的对比中可以看出，随着噪声电平的增加，传播损耗差逐渐增大，但都处于 1dB 的误差范围内，将反演得到的波导参数输入 AIS 信号正向传播模型可以用来拟合蒸发波导和有基础层表面波导相结合的混合波导环境中 AIS 信号的传播特性。

接下来研究蒸发波导和抬升波导相结合的混合波导反演监测问题，待反演混合波导参数设为 $\boldsymbol{m}=(20,0.2,200,100,30)$，其他参数设置同上。为了评估 LFQPSO 算法的反演性能，也给出了 QPSO 算法的反演结果。

为了定量分析 LFQPSO 算法和 QPSO 算法反演蒸发波导和抬升波导相结合的混合波导参数的性能，每次反演过程重复运行 20 次，然后将20 次反演结果的平均值作为最终反演值。表 4.12 给出了基于相对误差的蒸发波导和抬升波导相结合的混合波导参数反演的统计结果。

表 4.12　LFQPSO 算法和 QPSO 算法的反演性能对比

波导参数	LFQPSO 算法		QPSO 算法	
	反演值	RE	反演值	RE
d	16.938	15.31%	24.577	22.89%
c_1	0.205	2.50%	0.188	6.00%
z_b	201.092	0.55%	206.781	3.39%
z_{thick}	99.285	0.72%	95.428	4.57%
ΔM	30.317	1.06%	33.046	10.15%

从表 4.12 可以看出，与 QPSO 算法相比，LFQPSO 算法反演得到的蒸发波导和抬升波导相结合的混合波导参数更接近于真实值，每个波导参数的相对误差也更小，表明 LFQPSO 算法具有更好的反演性能。此外，LFQPSO 算法反演得到的蒸发波导高度的相对误差为 15.31%，远高于其他波导参数的反演误差，而 QPSO 算法对蒸发波导高度的反演误差更是达到了 22.89%。因此，两种优化算法对蒸发波导高度的反演性能都比较差。这主要是因为蒸发波导对 AIS 信号传播特性的影响很小，在利用 AIS 设备接收到的 AIS 信号功率反演监测混合波导时对于蒸发波导高度的反演具

有不敏感性造成的。

图 4.24 给出了 LFQPSO 算法和 QPSO 算法反演得到的混合波导修正折射率剖面。

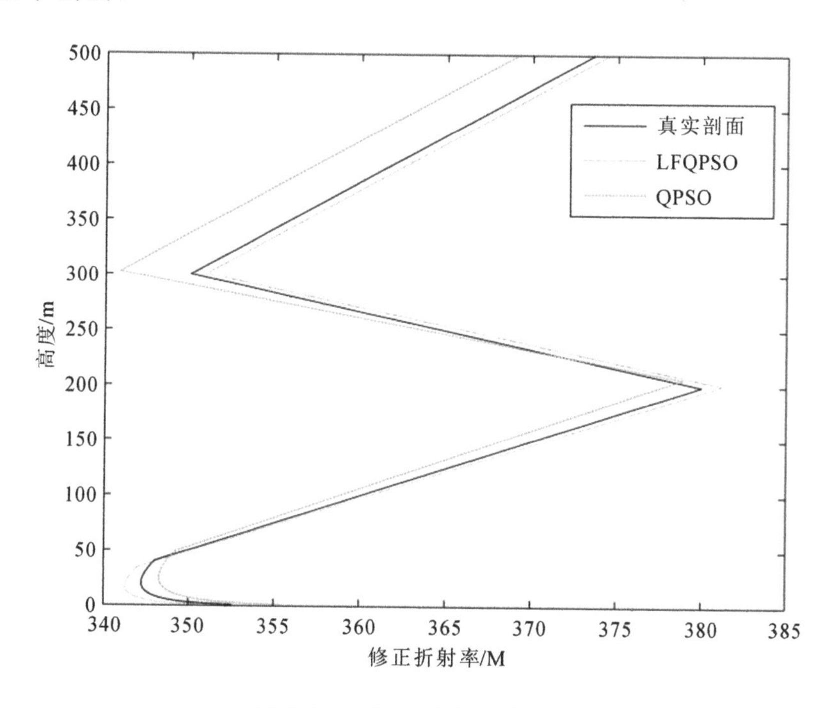

图 4.24　混合波导反演结果

从图 4.24 可以看出，相比于 QPSO 算法，LFQPSO 算法反演得到的大气修正折射率剖面与真实折射率剖面的拟合性更好，可以用来模拟真实剖面。反演结果表明，基于 AIS 信号的大气波导反演监测方法可以用来反演监测蒸发波导和抬升波导相结合的混合波导。

图 4.25(a)和图 4.25(b)分别给出了 LFQPSO 算法和 QPSO 算法反演得到的蒸发波导和抬升波导相结合的混合波导参数的传播损耗差分布。

对比图 4.25(a)和图 4.25(b)可以看出，LFQPSO 算法所得反演结果的传播损耗差更小，反演效果更好。

为了分析 LFQPSO 算法在反演蒸发波导和抬升波导相结合的混合波导参数时的抗噪能力，将具有 5dB 和 10dB 噪声电平的高斯白噪声添加到模拟的 AIS 信号功率中作为实际接收到的 AIS 信号功率反演混合波导参

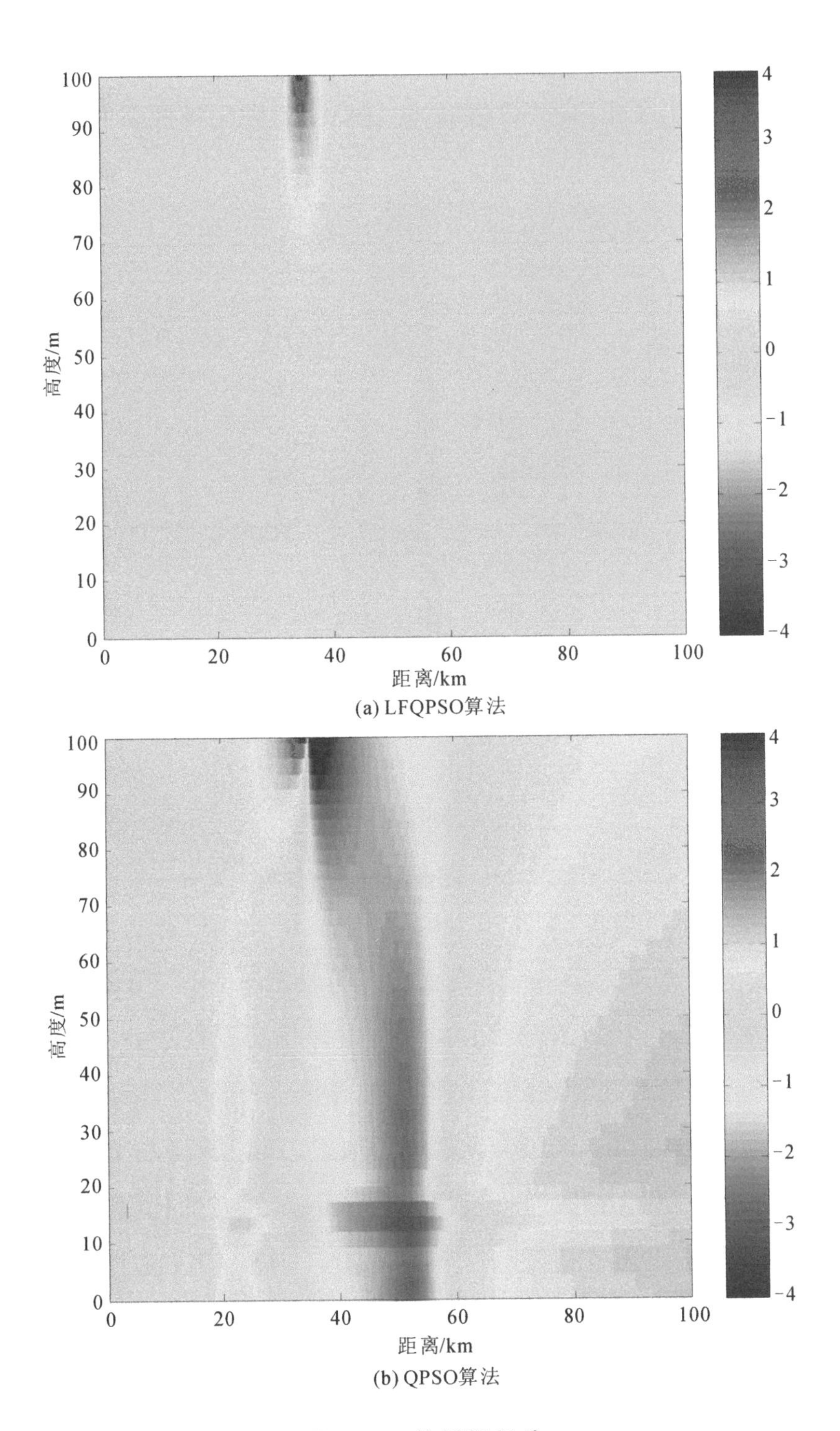

(a) LFQPSO算法

(b) QPSO算法

图 4.25 传播损耗差

数。表 4.13 给出了不同噪声电平假设情况下 LFQPSO 算法的混合波导反演监测结果。

表 4.13　不同噪声电平情况下 LFQPSO 算法的反演性能

波导参数	反演值		
	0dB	5dB	10dB
d	16.938	23.417	24.832
c_1	0.205	0.194	0.210
z_b	201.092	198.511	198.213
z_{thick}	99.285	101.031	98.799
ΔM	30.317	30.489	28.145

图 4.26 给出了基于表 4.13 中 LFQPSO 算法所得反演结果的蒸发波导和抬升波导相结合的混合波导修正折射率剖面。

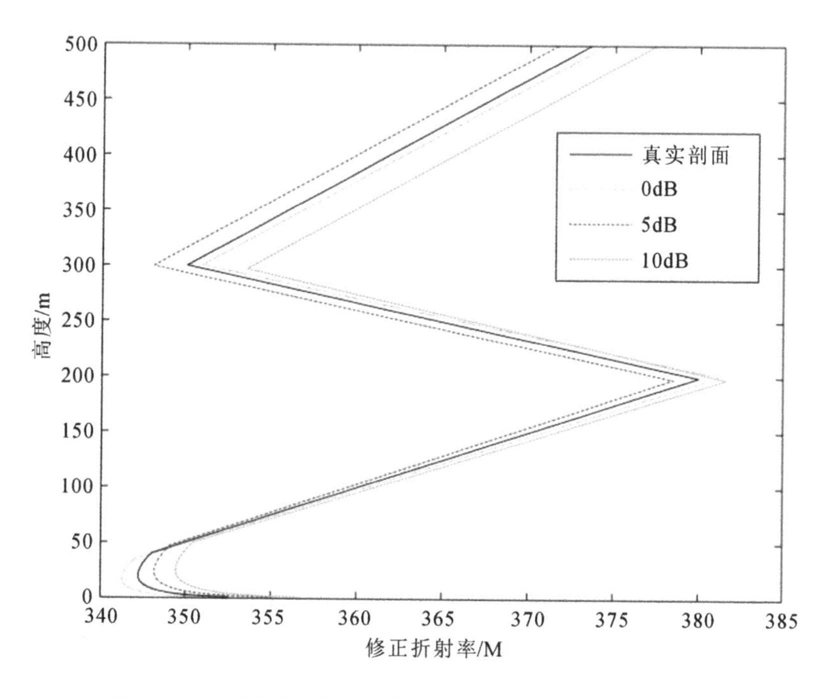

图 4.26　不同噪声电平情况下的混合波导反演结果

从图 4.26 可以看出，随着噪声电平的增加，LFQPSO 算法反演得到的大气修正折射率剖面与真实折射率剖面的拟合程度越来越低，但总体来说仍然处于可以接受的范围内，表明 LFQPSO 算法在反演蒸发波导和抬升波导相结合的混合波导时具有一定的抗噪能力。

图 4.27 给出了不同噪声电平情况下 LFQPSO 算法反演所得蒸发波导和抬升波导相结合的混合波导参数的传播损耗差分布。

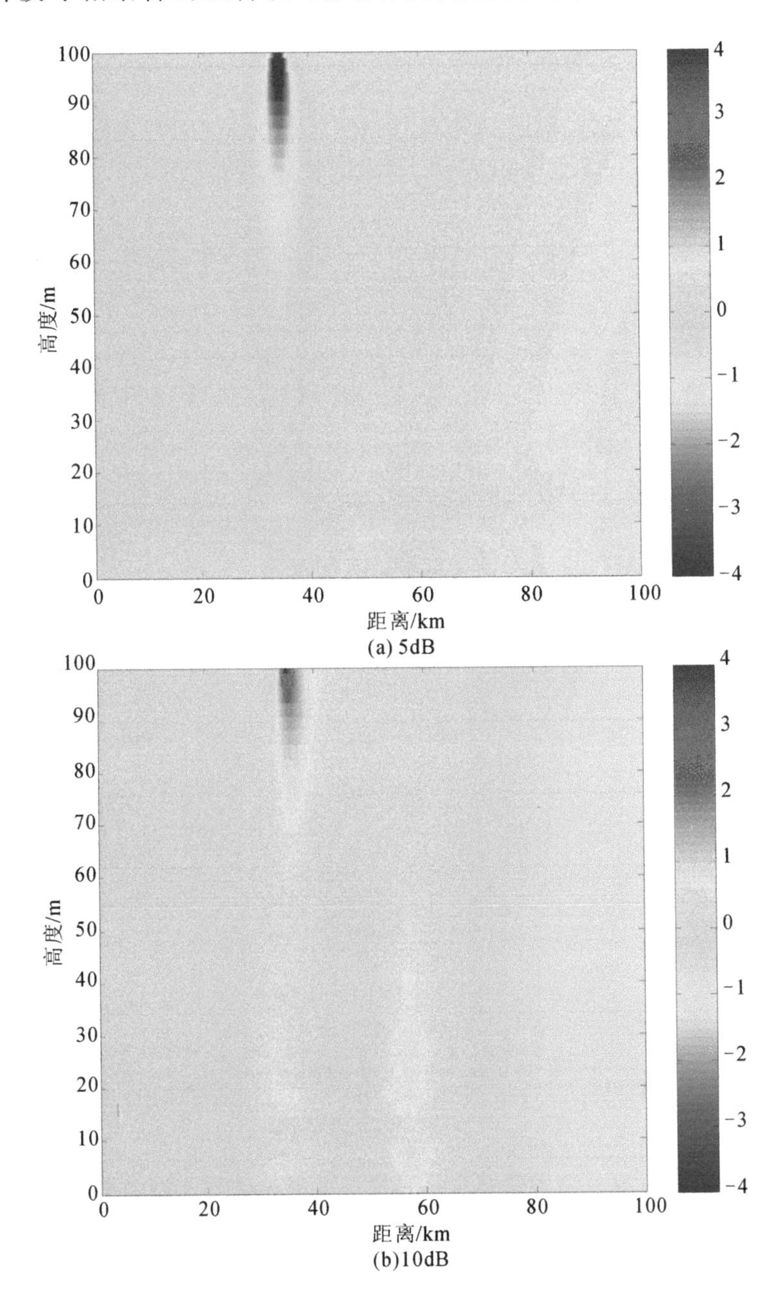

(a) 5dB

(b)10dB

图 4.27　传播损耗差

从图 4.27(a)和图 4.27(b)的对比中可以看出，随着噪声电平的增加，传播损耗差略有增大，但都处于 4dB 的误差范围内。因此，将 LFQPSO 算法反演得到的波导参数输入 AIS 信号正向传播模型可以用来拟合 AIS 信号在蒸发波导和抬升波导相结合的混合波导条件下的正向传播特性。

AIS 信号反演监测大气波导方法可以直接利用现有的船载、岸基 AIS 和 AIS 网络反演大气修正折射率剖面，不需要增加额外的设备，因此成本较低，而且操作起来十分方便。此外，基于 AIS 信号的大气波导反演监测方法能够准确有效地反演出整个海面上空大气波导的分布情况，为雷达和通信等无线电系统的性能预测提供了有力支撑。

第5章 基于深度学习算法的AIS信号反演大气波导

深度学习(deep learning,DL)是机器学习中一个相对较新、发展较快的领域,它使用具有多层结构的人工神经网络(也称为深度神经网络)来逼近一些与训练数据集拟合非常好的函数。深度神经网络在训练数据的同时,具有自动提取和利用适合于目标问题的相关特征的能力。深度神经网络主要包括深度前馈神经网络(deep feed-forward neural network,DFNN)、深度置信网络(deep belief networks,DBN)、递归神经网络(recurrent neural networks,RNN)和卷积神经网络(convolutional neural network,CNN)等结构。在过去的十年中,深度学习技术在语音识别、自然语言处理和图像分类等问题上表现出了优异的性能。

本章主要研究基于深度学习算法的AIS信号反演监测大气波导方法。首先介绍深度学习算法中最典型的范例——深度前馈神经网络,给出基于深度学习算法的大气波导反演流程。然后利用拉丁超立方抽样方法产生大气波导反演数据库,从而对深度前馈神经网络进行训练。为了获得最优的深度神经网络结构,将禁忌搜索算法和Adam算法结合起来进行优化设计。最后通过仿真验证利用深度学习算法反演大气波导的可行性和有效性。

5.1 深度学习算法

深度学习是一种用于在输入-输出模型中构建高维预测器的高维数据缩减技术，并为新的高维输入数据提供预测规则，基本问题是找到对输出的预测。深度学习通过将学习到的数据特征传递到隐藏特征的不同“层”来训练模型，也就是说，原始数据输入底层，期望输出产生于顶层，即通过多层次的转化数据进行学习的结果。深度学习是层次化的，在每一层中将特征提取为因子，而更深层的因子成为下一层的特征。

深度学习预测模型的目的是建立函数 $f(x)$ 和输入 x 之间的映射关系，从而使得输出 $\hat{y}=f(x)$ 是对实际值 y 的最佳估计。找到这个函数的方法是通过训练模型，或者学习模型使其给出特定输入时的输出。在训练期间，当神经网络模型返回预测值时，它被告知预测值应该是什么，并对神经网络进行调整，从而改变预测误差。这被称为监督学习，因为输入和输出都是已知的，训练模型的目标是发现两者之间的关系。另一方面，无监督学习是指仅知道输入，而目标是找出数据中先前未知的模式。

5.1.1 深度前馈神经网络

人工神经网络可以被描述为一种映射模型，具有非参数化、非线性和无假设的特性，意味着它不需要对问题做出先验假设，这一点非常有利于解决复杂问题。神经网络由具有节点的层组成，也是模型进行计算的地方。深度前馈神经网络的基本思想是通过复杂性增加的特征层次来表示多变量函数，其中典型的例子是多层感知机（multi-layer perceptron,

MLP)，因具有多个隐藏层而得名，如图 5.1 所示。MLP 模型的一个极具吸引力的特性是，在近似基础函数的假设下，它是通用函数逼近器。这意味着任何连续函数，无论其复杂程度如何，都可以用一层具有足够多的隐藏层神经元数的神经网络进行近似。

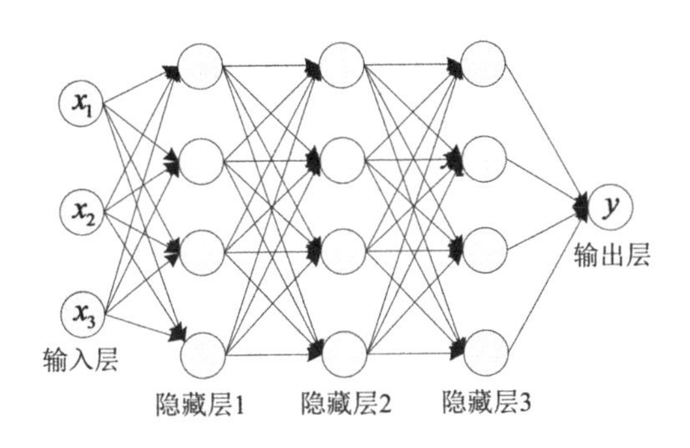

图 5.1　具有 3 个隐藏层的 MLP 模型

图 5.1 中神经网络的输入是任意特征 x_1、x_2 和 x_3，以及一个输出 y。从接收数据的初始输入层开始，每一层神经网络的输出都同时是下一层神经网络的输入。神经网络的一般体系结构由输入层神经元数、隐藏层层数、每个隐藏层对应的神经元数和输出层神经元数确定。如上所述，基于输入 x，对神经网络进行训练以获得期望的输出 y。图 5.2 给出了单个神经元的组成部分。

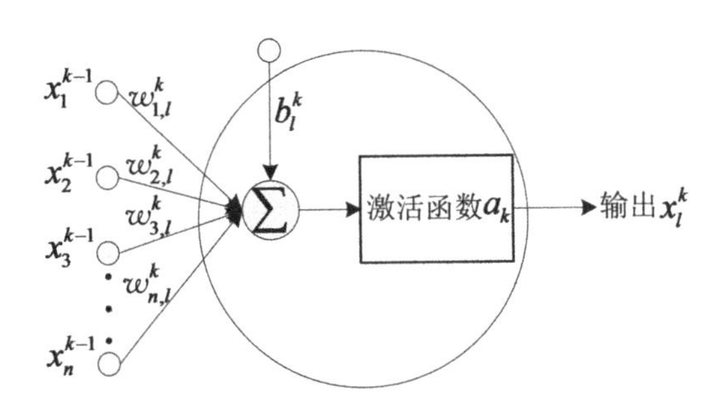

图 5.2　基本神经元的组成

在这里，神经元将来自第 $k-1$ 层的 n 个神经元的输入 $x_1^{k-1}, x_2^{k-1}, \cdots, x_n^{k-1}$ 与一组权重 $w_{1,l}^k, w_{2,l}^k, \cdots, w_{n,l}^k$ 进行组合，从而对输入进行放大或抑制。

在第 l 个神经元中将被称为偏置的 b_l^k 添加到输入和权重乘积的总和中，并且全部被输入到激活函数，从而产生输出 x_l^k，即

$$x_l^k = a_k\left(\sum_{i=1}^{n} w_{i,l}^k x_i^{k-1} + b_l^k\right) \tag{5.1.1}$$

式中，a_k 是第 k 层神经网络的激活函数。

激活函数决定输入将在何种程度上通过神经网络进一步传递以影响最终的输出结果。激活函数根据所要解决的实际问题进行选择，而且因神经网络的层与层而异。然而，在 MLP 模型中，同一层中的所有神经元都具有相同的激活函数。深度学习中经常用到的激活函数包括 Tanh 函数、Sigmoid 函数、修正线性单元(rectified linear unit，ReLU)函数、Leaky ReLU 函数和 ELU(exponential linear units，ELU)函数。对于回归问题来说，在输出层中首选的线性激活函数为 Identity 函数。各类激活函数的具体表达式如下所示。

Tanh 函数可表示为

$$f(x) = \frac{e^x - e^{-x}}{e^x + e^{-x}} \tag{5.1.2}$$

Sigmoid 函数可表示为

$$f(x) = \frac{1}{1 + e^{-x}} \tag{5.1.3}$$

ReLU 函数可表示为

$$f(x) = \max(0, x) \tag{5.1.4}$$

Leaky ReLU 函数可表示为

$$f(x) = \max(ax, x) \tag{5.1.5}$$

式中，a 为常数。

ELU 函数可表示为

$$f(x) = \begin{cases} x, x > 0 \\ a(e^x - 1), x \leqslant 0 \end{cases} \tag{5.1.6}$$

Identity 函数可表示为

$$f(x) = x \tag{5.1.7}$$

ReLU 函数不仅解决了梯度消失问题，而且收敛速度远快于 Tanh 函数和 Sigmoid 函数。此外，ReLU 函数允许在训练深度监督神经网络时不进行无监督预训练。虽然 Leaky ReLU 函数和 ELU 函数是 ReLU 函数的改进型，但在实际应用中并不能证明这两个激活函数的性能会一直优于 ReLU 函数。

训练神经网络的目标是获取网络权重 ω 和偏置 b，以便最小化映射模型的训练误差。单个训练样本的误差由损失函数 $L(y,\hat{y})$ 给出，所有训练样本的总损失称为代价函数 $J(\omega,b)$。对于回归问题来说，通常选择均方误差函数（mean square error，MSE）作为神经网络的代价函数，MSE 函数可以表示为

$$\text{MSE} = \frac{1}{L}\sum_{i=1}^{L}(y_i - \hat{y}_i)^2 \tag{5.1.8}$$

式中，L 是总的样本数，y_i 是真实值，$\hat{y}_i$ 是神经网络的预测值。

代价函数用来衡量权重 ω 和偏置 b 在训练数据集上的表现，下一步是对神经网络模型进行训练。通常采用反向传播方法快速计算代价函数的梯度，即根据期望的输出来决定如何改变网络权重。这项技术有时也被称为反向误差传播，因为误差在输出处进行计算并通过神经网络逐层传递回来。为了优化该过程，使用了优化算法。优化算法重复两个阶段的循环，即传播和进行权重更新，可以使用任何基于梯度的优化算法。为了减少计算时间，优化算法的选择很重要。传统上主要使用随机梯度下降法，但在近年来 Adam 优化算法越来越受欢迎，它基于训练数据对网络权重进行迭代更新。Adam 优化算法是随机梯度下降算法的扩展，不但具有容易应用、计算效率高、内存要求少和超参数具有直观的解释等优点，而且非常适合数据和参数较大的问题，以及各种非凸优化问题，因此在许多领域得到了

广泛应用。

Adam 优化算法的流程如下所示。

初始化时间步长 $t \leftarrow 0$，矩估计的指数衰减速率 β_1 和 β_2（$\beta_1, \beta_2 \in [0,1)$），数值项 ε，参数向量 θ_0，一阶矩变量 $m_0 \leftarrow 0$，二阶矩变量 $\nu_0 \leftarrow 0$，步长 Δs。

While θ_t 不收敛 do

$t \leftarrow t+1$

$g_t \leftarrow \nabla_\theta f_t(\theta_{t-1})$：计算梯度（$f(\theta)$：以参数 θ 为自变量的随机目标函数）

$m_t \leftarrow \beta_1 \cdot m_{t-1} + (1-\beta_1) \cdot g_t$：更新一阶矩估计

$\nu_t \leftarrow \beta_2 \cdot \nu_{t-1} + (1-\beta_2) \cdot g_t^2$：更新二阶矩估计

$\hat{m}_t \leftarrow m_t / (1-\beta_1^t)$：修正一阶矩估计的偏差

$\hat{\nu}_t \leftarrow \nu_t / (1-\beta_2^t)$：修正二阶矩估计的偏差

$\theta_t \leftarrow \theta_{t-1} - \Delta s \cdot \hat{m}_t / \left(\sqrt{\hat{v}_t} + \varepsilon\right)$：更新参数向量

end while

returnθ_t

神经网络模型中超参数的选择也非常重要。这些是控制模型参数 ω 和 b 的参数，因此被称为超参数。一些最重要的超参数包括隐藏层数、隐藏层神经元数、初始学习速率、批尺寸（batch size）以及训练时 epoch 大小的选择。学习速率决定了神经网络模型参数变化的速度或程度。批尺寸定义了通过神经网络进行传播的样本数，批尺寸越小，反向传播中的梯度估计越不准确。但是，批尺寸越大，所需的内存空间就越大。在此背景下，epoch 的大小也很重要，定义为在所有训练样本上都进行一次前向传递和一次反向传递。例如，对于批尺寸为 200 的 10000 个训练样本来说，需要 50 次迭代才能完成一个 epoch。这些超参数的调整可以通过手动或自动方式进行。自动调整主要包括网格搜索算法、随机搜索算法和超参数优化算法。然而，网格搜索算法很少用于深度学习应用，因为这种算法只有在需要调整3个或更少的超参数时才被认为是实用的。相反，随机搜索算法似乎是一个更可行的解决方案，它已经被证明可以比网格搜索算法更快地将验证误差减少到可接受的值。尽管随机搜索算法对某些神经网络模型是有效的，但当所有的超参数对深度神经网络的性能都至关重要且必须优化到特定的值时，它的性能就会受到影响。超参数优化算法也是有问题的，因为缺乏关于某些超参数代价函数的表达式，而且超参数优化算法也有自己的超参数需要设置，尽管它们通常不太难调优。

5.1.2 数据准备

数据准备过程或预处理过程主要由两步组成：第一步是对选取的特征进行标准化（归一化）和缩放；第二步是将数据拆分为用于训练神经网络模型的训练数据集和用于测试神经网络模型在未知数据上性能的测试数据集。这一点非常重要，这样才能确保不会得到一个仅在已知数据上表现良好的过拟合模型。数据准备的具体过程如下。

(1)标准化数据。缩放数据，使其适用于深度学习问题。

(2)将数据拆分为训练数据和测试数据。使其适用于深度学习应用中的监督学习问题。

之所以对数据进行标准化处理是因为神经网络的激活函数和不同变量取值范围的可变性。激活函数具有给定的输入限制，因此必须对数据进行标准化处理以适应激活函数，通常被缩放到[0,1]区间内。此外，由于特征具有不同的尺度，标准化对于获得统计上合理的模型也是很重要的。有许多不同种类的标准化方法，其中最常用的是 min-max 标准化方法，第 k 个特征 x_k 按以下方式进行标准化：

$$\mathrm{norm}_k = \frac{x_k - \min(X_k)}{\max(X_k) - \min(X_k)} \tag{5.1.9}$$

式中，$x_k \in X_k$。因此，x_k 的标准化值 norm_k 都位于[0,1]区间内。

数据准备过程的第二步是将数据拆分为训练数据集和测试数据集。任何成功的神经网络模型都具有 3 个主要要求，即收敛性、泛化能力和稳定性。收敛性指的是神经网络模型在训练数据集上的准确性收敛。泛化能力是指神经网络模型在使用新数据时表现出良好的性能，并由模型在测试数据集上的性能进行度量。稳定性是指神经网络输出的一致性。优化算法使用训练数据集训练和修改神经网络模型的结构和权重，确定函数 $f(x)$ 的参数。此外，训练数据集将再次分为子训练数据集和验证数据集。验证数据集不应该包含在测试数据集中，因为如果验证数据集被用于选择最终的神经网络模型（优化超参数），这将使最终模型的错误率估计出现偏差。测试数据集被用于评估已经进行完全训练的神经网络模型的性能，这将显示模型在未知数据上的准确性，并度量模型的泛化能力。在测试数据集上评估最终模型之后，就不再需要调整神经网络模型了。而特征选择仅基于训练数据集，这是因为如果在包括测试数据的数据集上进行特征选择，则模型将会出现偏差。使用较大的数据集来选择特征可以减少性能估计的方差，但不会降低偏差。为了获得无偏差的性能估计，测试数据集将不会用于选择神经网络模型，也不用于特征选择过程。

通常使用各种误差度量标准来衡量神经网络模型在测试数据集上的准确性。其中最常用的准确性衡量方法为均方根误差（root mean square error，RMSE），可表示为

$$\text{RMSE} = \sqrt{\frac{1}{L}\sum_{i=1}^{L}(y_i - \hat{y}_i)^2} \tag{5.1.10}$$

式中，$\hat{y}_i$ 是对一组 L 个测试样本的真实值 y_i 的预测。

平均绝对误差（mean absolute error，MAE）也常被用作评估神经网络模型性能的指标，可表示为

$$\text{MAE} = \frac{1}{L}\sum_{i=1}^{L}|y_i - \hat{y}_i| \tag{5.1.11}$$

MAE 更好地描述了平均误差，而 RMSE 具有惩罚更大误差的好处。

平均绝对百分比误差(mean absolute percentage error，MAPE)也可以用作神经网络性能的评估指标，可表示为

$$\mathrm{MAPE}=\left(\frac{1}{L}\sum_{i=1}^{L}\frac{|y_i-\hat{y}_i|}{|y_i|}\right)\times 100\% \tag{5.1.12}$$

5.1.3 基于深度学习算法的大气波导反演方法

本章利用深度学习算法反演大气波导。该方法的总体思路为：首先，将大气修正折射率剖面数据进行相应处理后作为标签空间，将利用折射率剖面数据作为输入计算出的 AIS 设备随接收距离变化的信号功率数据作为特征空间，并将特征空间和标签空间按照一定比例分别划分为训练数据和测试数据；其次，利用划分好的训练数据训练深度神经网络模型，并利用测试数据进行检验，在此过程中调整深度神经网络模型的参数，从而使深度神经网络模型满足需求；最后，就可利用训练好的深度神经网络模型进行大气波导的反演。根据上述思路，基于深度学习算法的大气波导反演方法流程如下：

(1)将生成的大气修正折射率剖面数据进行归一化、放大等相关处理后作为标签空间。

(2)将大气修正折射率剖面数据、海态信息和 AIS 设备参数输入至 AIS 信号正向传播模型，定量计算 AIS 设备随接收距离变化的信号功率数据作为特征空间。

(3)将标签空间和特征空间按照一定比例分成训练数据和测试数据，并将训练标签空间和训练特征空间分别作为深度神经网络模型的输出和输入。

(4)选择合适的深度神经网络模型，利用训练标签空间和训练特征空

间训练深度神经网络模型，并在这个过程中调整初始学习率、激活函数、学习方法等参数。

(5)利用测试数据对训练好的深度神经网络模型进行测试，满足终止条件时转到(6)，不满足时转到(4)。

(6)利用该深度神经网络模型对输入的实测 AIS 信号功率数据进行监测，输出的标签结果即为反演出的最优波导参数值。

5.2 大气波导反演数据库的产生

深度神经网络模型需要大量的训练数据，因为有许多参数需要学习。对于 AIS 信号反演监测大气波导来说，需要建立大气波导参数与 AIS 信号功率的映射数据库，从而对深度神经网络模型进行训练。

5.2.1 拉丁超立方抽样

拉丁超立方抽样(latin hypercube sampling，LHS)是基于蒙特卡罗的不确定性量化最广泛使用的随机抽样方法，几乎用于计算科学、工程和数学的每个领域。LHS 是一种特别强大且有用的抽样方法，是对欧拉魔方的推广。要计算 D 大小的拉丁超立方体，基本思想是将每个维度划分为 D 个区间，通常进行相等划分。得到的数据样本比使用随机抽样更具有代表性：如果拉丁超立方体投影在其一个维度上，则 D 个点中的每一个都属于一个单一区间，而该点将被随机选择到该间隔中。这种抽样方法比常规抽样或随机抽样更有效，因为它同时对所有输入维度进行分层。

假设待抽样空间变量的维数为 n，$x_i \in [x_i^l, x_i^u]$为第 i 维变量，$i=1,2,\cdots,$

n，x_i^l 和 x_i^u 分别表示变量 x_i 的下、上边界，则拉丁超立方抽样方法产生 D 个样本点的实现过程如下。

（1）确定抽样规模 D。

（2）将每一维变量 x_i 的定义域区间划分成 D 个相等的子区间，即 $x_i^l = x_i^0 < x_i^1 < x_i^2 < \cdots < x_i^j < x_i^{j+1} < \cdots < x_i^D = x_i^u$，这样就将维数为 n 的抽样空间分成 D^n 个小超立方体。

（3）产生一个被称为拉丁超立方阵的 $D \times n$ 矩阵 $\boldsymbol{S}$，其中矩阵 $\boldsymbol{S}$ 的每一列都是 $\{1,2,\cdots,D\}$ 的随机全排列。

（4）矩阵 $\boldsymbol{S}$ 的每一行对应一个被选中的小超立方体，在其中随机产生一个样本点，这样最终就获得了 D 个样本点。

5.2.2 产生反演数据库

利用深度学习算法反演大气波导需要大量数据对深度神经网络模型进行训练，而拉丁超立方抽样可以比使用每个波导参数的常规采样更有效地生成多维训练数据库。因此，采用拉丁超立方抽样方法产生具有 N 组数据的大气波导参数与 AIS 信号功率的映射数据库。首先，对于给定的大气波导模型及其各个参数的取值范围，利用拉丁超立方抽样方法产生 N 组描述不同大气波导类型的参数集。对于表面波导和抬升波导这两种类型的三线性波导来说，需要产生三维波导参数矢量 $\boldsymbol{m} = (z_b, z_{\text{thick}}, \Delta M)$；而对于混合波导来说，需要产生五维波导参数矢量 $\boldsymbol{m} = (d, c_1, z_b, z_{\text{thick}}, \Delta M)$。然后将利用拉丁超立方抽样方法产生的波导参数集输入 AIS 信号正向传播模型，通过运行 N 次传播仿真产生与其相对应的 N 组随接收距离变化的 AIS 信号功率矢量 $\boldsymbol{P}_r$。这样，就生成了大气波导反演所需的数据库，其组成形式为（$\boldsymbol{P}_r$，$\boldsymbol{m}$）。产生 N 组反演数据（$\boldsymbol{P}_r$，$\boldsymbol{m}$）的流程如图 5.3 所示。

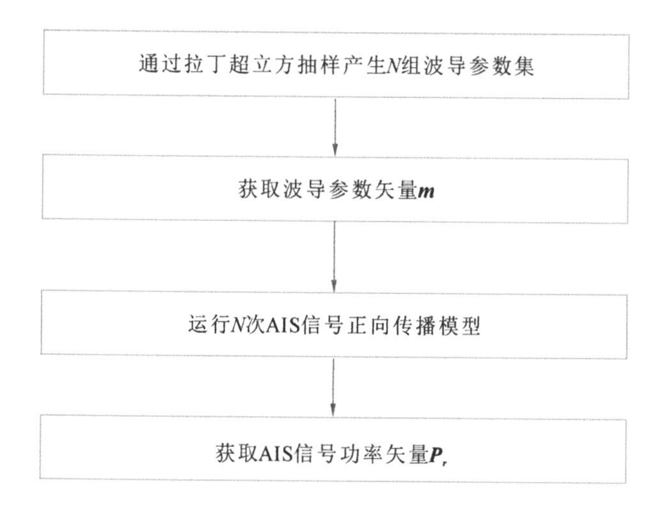

图 5.3 产生反演数据库的流程

5.3 神经网络模型结构的选择

神经网络模型结构选择和超参数搜索是深度学习中需要解决的关键问题。鉴于具体任务，哪种神经网络模型结构能够达到最佳精度？怎样设置超参数才能使神经网络模型实现快速收敛？找到这些问题的答案是困难的。典型的方法是反复尝试不同的网络架构和超参数设置，以找到最佳参数。此外，具有不同结构的神经网络模型对于相同的数据集会有不同的输出。这些网络架构属性涉及神经网络模型的性能，因为具有少量层和少量神经元的网络可能会产生欠拟合现象，而大型网络则容易产生过拟合现象。

选择深度前馈神经网络的超参数是一项复杂的工程任务，不同的应用领域几乎没有一个通用规则。虽然有各种各样的经验法则，但是并不存在选择这些超参数的严谨规则。在找到适当的超参数之前，仍然需要经过反复试验(trial and error)并对大量的神经网络模型进行评估。然而，在设计深度前馈神经网络时，仅基于直觉的反复试验方法不会产生最佳的超参数，而且十分费时。因此，本书将禁忌搜索算法和 Adam 算法的优点结合起来，并用于深度前馈神经网络结构的优化设计。

禁忌搜索（tabu search，TS）是一种具有群智能的启发式算法。由于其适应性强和在寻找全局最优解时取得的成果，被公认为是一种非常有效的算法，在不同的问题领域都有着广泛的应用。动态邻域搜索策略以及搜索过程中长期记忆和短期记忆的使用将禁忌搜索算法与局部搜索和其他启发式算法区分开来，TS 算法可以在单次迭代中获取一批解，从而使计算量最小，收敛速度更快。而最近一次迭代的最优解（代价最小）可以作为下一次迭代的当前解，从而通过维护一个记录上次访问解的列表（禁忌表）以避免进行重复搜索，最终获得全局最优解。

将 TS 算法与 Adam 算法相结合，优化的目的是从候选解集合中搜索使代价函数最小的解。从具有一个隐藏层和随机选择的隐藏层神经元数的深度前馈神经网络开始搜索，并运行到设定好的最大隐藏层数。对每个候选解进行多次迭代，每次迭代都生成一个大小为 P_{max} 的种群，而 TS 算法则根据适应度函数选择最优解。如果候选解的代价小于当前最优解，则更新当前最优解并进入下一次迭代；否则，更新禁忌表并进一步搜寻候选解直至达到终止条件。深度神经网络模型结构优化算法的主要流程描述如下：

（1）初始化最大迭代次数、最大隐藏层层数、输入层神经元数、隐藏层神经元数、输出层神经元数、禁忌长度和禁忌表。

（2）计算初始解的适应度函数，将其作为最优解。

（3）产生候选解集合，计算每个候选解的代价函数。

（4）更新最优解和禁忌表。

（5）判断是否达到最大迭代次数，否则返回（3）。

（6）判断是否达到最大隐藏层数，否则将最优候选解作为初始解，并返回（2）。

（7）输出最优解。

5.4 仿真与验证

5.4.1 表面波导反演

为了利用深度学习算法反演大气波导，需要预先产生反演数据库。对于表面波导来说，3 个波导参数的取值范围为：波导基底高度 $z_b \leqslant 300\text{m}$，波导陷获层厚度 $z_{\text{thick}} \leqslant 100\text{m}$，波导强度 $\Delta M \leqslant 100\text{M}$。首先利用拉丁超立方抽样方法在给定的波导参数取值区间上产生 100000 组波导参数集 $\boldsymbol{m}=(z_b, z_{\text{thick}}, \Delta M)$，然后将其作为 AIS 信号正向传播模型的输入，产生对应的 100000 组随接收距离变化的 AIS 信号功率数据 $\boldsymbol{P}_r$。仿真参数：AIS 发射频率为 162MHz，发射天线高度为 10m，极化方式为垂直极化。反演在 10～50km 的距离上进行，每 250m 取 1 个点，即每组 AIS 信号功率矢量包含 161 个点。因此，深度神经网络模型输出层具有 3 个神经元，输入层具有 161 个神经元。将生成的 100000 组数据分成训练数据、验证数据和测试数据，对应的比例分别选择为 80%、10% 和 10%，并通过 min-max 方法进行标准化处理。

利用深度学习算法反演表面波导面临着超参数的选择问题，其选择恰当与否不仅会影响深度神经网络模型的训练速度，更决定了最终反演性能的好坏。利用神经网络模型结构优化算法进行选择，参数设置为：隐藏层神经元数通过(1,300)范围内的随机选择进行计算，选择 MSE 函数作为神经网络的适应度函数，最大迭代次数为 30，$P_{\max}$ 为 40，最大隐藏层数为 6。Adam 算法的初始学习率设为 0.001，批尺寸的大小为 100，训练 epoch 的大小为400,其他参数为Kingma和Ba推荐的默认值。此外,选择ReLU函数作为深度神经网络的激活函数。神经网络模型结构优化算法从第一个隐藏层开始进行优化,并为这一层随机选择一些神经元。在计算适应度函数之后,将这个初始解设为最优解,然后进行全局最优解的搜索。经过优化,最终得到的最优神经网络模型结构为:共包含5个隐藏层,对应的神经元数分别为200、100、100、50和25,具体结果如表5.1所示。

表5.1 神经网络模型结构优化结果

隐藏层数	隐藏层神经元数	训练集MSE	测试集MSE
1	288	7.8731	8.7342
2	251,146	6.9714	7.1691
3	269,153,79	7.0189	7.5167
4	297,172,94,37	9.0093	9.9526
5	200,100,100,50,25	6.2356	6.4733
6	271,205,143,99,43,18	7.6318	8.2174

深度前馈神经网络经过训练后,已经获得了最佳参数设置和最佳网络模型。选择一组表面波导参数作为待反演大气波导参数值,其对应产生的随接收距离变化的AIS信号功率作为深度神经网络模型的输入反演大气波导。神经网络模型每次的输出结果都会存在一些差异,这是由于网络权重的随机初始化造成的,因而模型为每次运行提供了略微不同的结果。因此,为了获得可靠的结果,每次反演过程重复运行20次,然后将20次输出结果进行平均作为最终反演结果。深度前馈神经网络模型的表面波导反演结果如图5.4所示。为了验证基于深度学习算法的大气波导反演方法的有效性,将其与前文提出的Lévy飞行量子行为粒子群算法的反演结果进行对比分析。

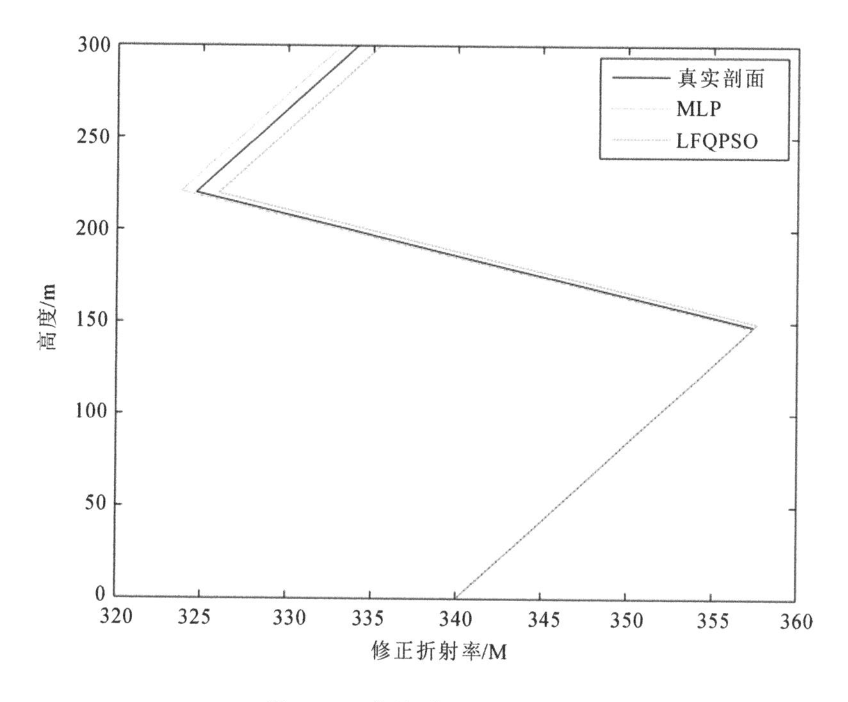

图 5.4 表面波导反演结果

从图 5.4 可以看出，与 LFQPSO 算法相比，MLP 模型反演得到的大气修正折射率剖面更接近于真实折射率剖面，表明深度学习算法具有更好的反演准确性。

图 5.5 给出了基于 MLP 模型和 LFQPSO 算法所得反演结果的传播损耗差分布，这里传播损耗差被定义为对应于真实大气波导参数的传播损耗减去对应于反演得到的波导参数的传播损耗。

对比图 5.5(a)和图 5.5(b)可以看出，MLP 模型所得反演结果的传播损耗差小于 LFQPSO 算法。因此，将深度学习算法反演得到的大气波导参数输入 AIS 信号正向传播模型可以更好地拟合表面波导条件下 AIS 信号的传播特性。

为了定量分析 MLP 模型和 LFQPSO 算法的反演性能，表 5.2 给出了表面波导参数反演的统计结果。RE 表示相对误差，RE 越小，反演结果越好。

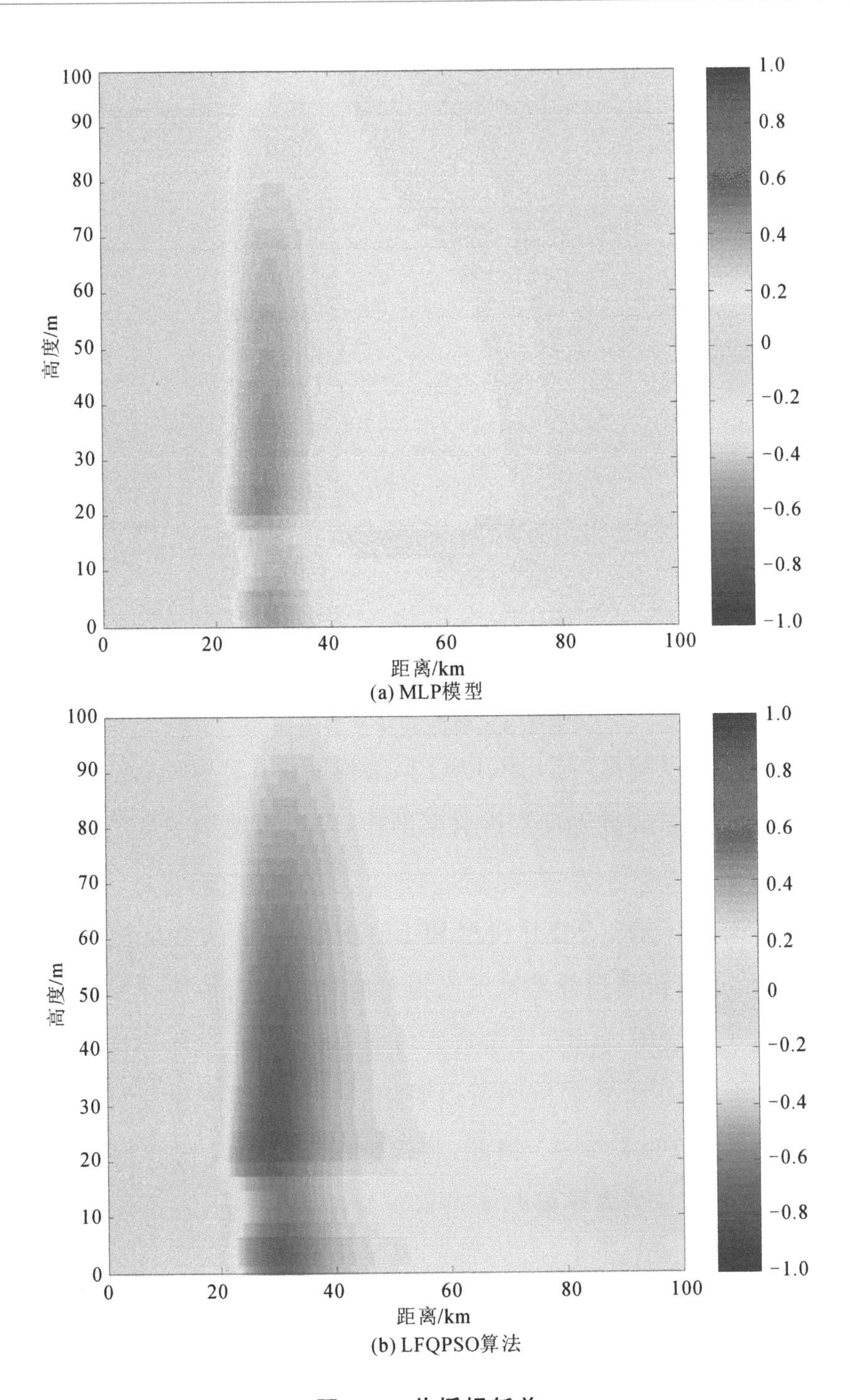

(a) MLP模型

(b) LFQPSO算法

图 5.5　传播损耗差

表 5.2　MLP 模型和 LFQPSO 算法的反演性能对比

波导参数	真实值	MLP 模型		LFQPSO 算法	
		反演值	RE	反演值	RE
z_b	147.8881	147.0704	0.55%	149.4837	1.08%
z_{thick}	72.1585	73.6398	2.05%	70.2481	2.65%
ΔM	32.8009	33.5860	2.39%	31.6712	3.44%

从表 5.2 可以看出，MLP 模型的大气波导参数反演值明显比 LFQPSO 算法的反演值更接近于真实值，波导参数的反演相对误差也更小。因此，深度学习算法的反演准确性优于 LFQPSO 算法，这也验证了图 5.4 得出的结论。此外，深度学习算法反演所需的时间小于 0.01s，这是在 CPU 为 Intel i5，3.2GHz 主频，16GB 系统内存的计算机上安装的 MATLAB 2016a 中运行得到的。在同一台计算机上，LFQPSO 算法的运行时间为 4817.9s。毫无疑问，深度学习算法不但反演性能优于 LFQPSO 算法，而且更适合于表面波导的实时反演应用。

在现实环境中，接收机接收到的 AIS 信号不可避免地会受到各种噪声的污染。因此，大气波导反演所采用的优化算法必须具有一定的抗噪能力。为了检验深度学习算法在反演表面波导时的抗噪能力，将噪声电平分别为 5dB 和 10dB 的高斯白噪声添加到模拟的随接收距离变化的 AIS 信号功率中作为实际接收到的 AIS 信号功率，然后将其输入深度神经网络模型进行大气波导的反演。表 5.3 给出了不同噪声电平假设情况下 MLP 模型的表面波导反演结果。

表 5.3　不同噪声电平情况下 MLP 模型的反演性能

波导参数	反演值		
	0dB	5dB	10dB
z_b	147.0704	146.8125	146.4285
z_{thick}	73.6398	70.2869	74.0582
ΔM	33.5860	31.9192	33.9041

图 5.6 给出了基于表 5.3 中 MLP 模型在不同噪声电平情况下反演结果的大气修正折射率剖面。

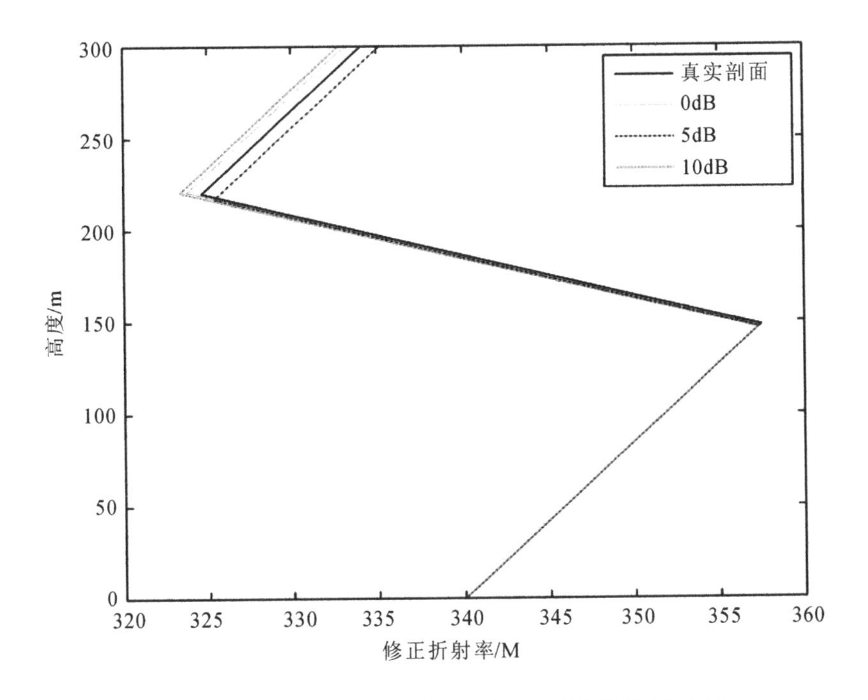

图 5.6　不同噪声电平情况下的表面波导反演结果

从图 5.6 可以看出，在 5dB 和 10dB 的噪声电平下，MLP 模型仍然具有很好的反演准确性。尽管反演误差略大于没有噪声的情况，但总体而言反演精度是可以接受的，表明深度学习算法在反演表面波导参数时具有一定的鲁棒性。

图 5.7(a)和图 5.7(b)分别给出了 5dB 和 10dB 噪声电平情况下 MLP 模型所得反演结果的传播损耗差分布。

从图 5.7(a)和图 5.7(b)的对比中可以看出，随着噪声电平的增加，反演结果的传播损耗差逐渐增大，但都处于 1dB 的误差范围内，表明深度学习算法在反演表面波导参数时具有一定的抗噪能力，将反演得到的波导参数输入 AIS 信号正向传播模型仍然可以较好地拟合 AIS 信号在表面波导条件下的传播特性。

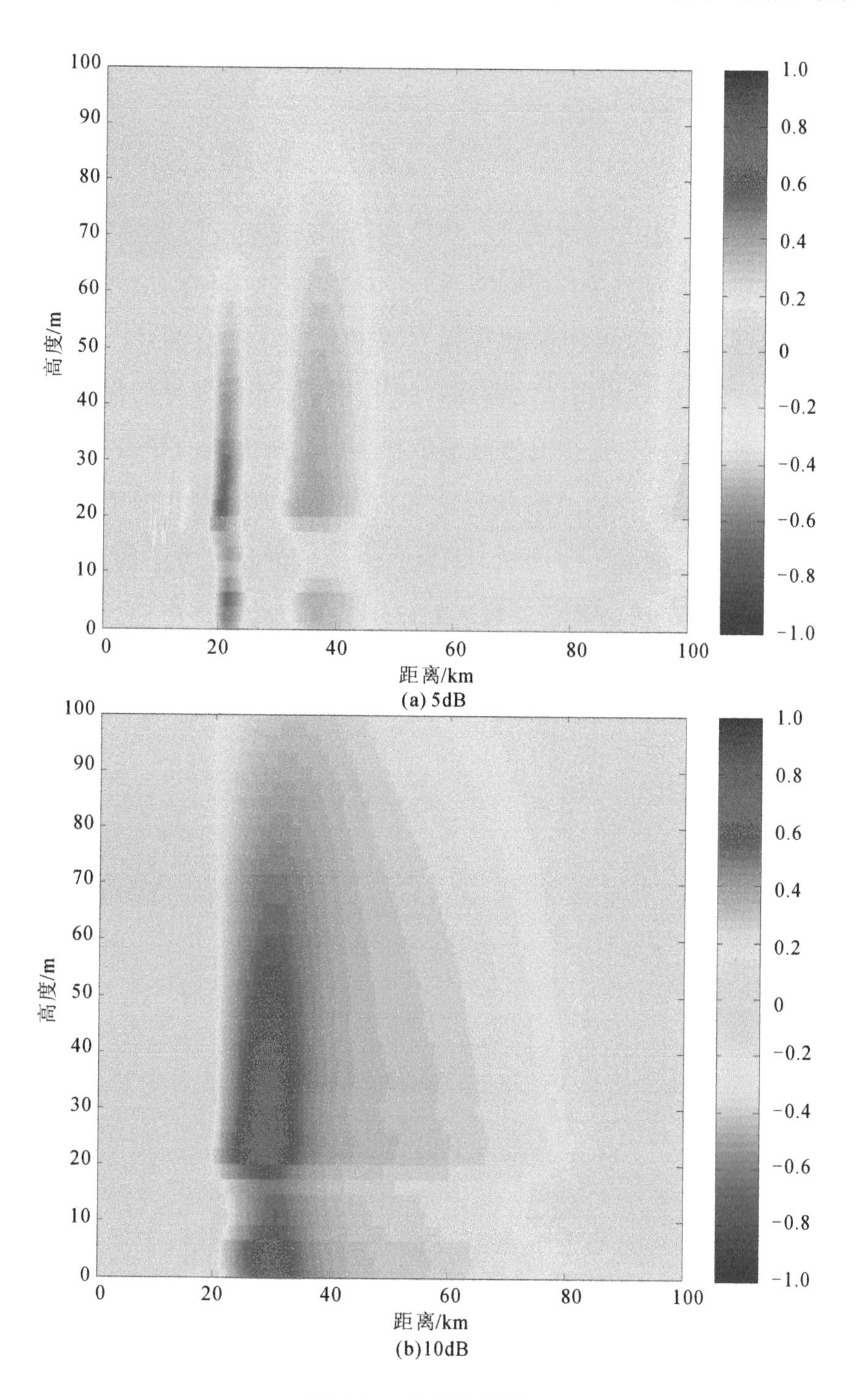
100
90
80
70
60
50
40
30
20
10
0
高度/m
0
20
40
60
80
100
距离/km
1.0
0.8
0.6
0.4
0.2
0
-0.2
-0.4
-0.6
-0.8
-1.0
(a) 5dB
高度/m
距离/km
(b)10dB

图 5.7 传播损耗差

5.4.2 抬升波导反演

在上一节中产生的波导反演数据库不仅有表面波导，也包括抬升波导，这是因为两种波导类型具有相同的大气修正折射率剖面模型，波导模型的表达式也是相同的，都可以用波导参数矢量 $\boldsymbol{m}=(z_b, z_{\text{thick}}, \Delta M)$ 进行描述。因此，抬升波导可以直接利用已经训练好的用来反演表面波导的深度神经网络模型进行反演。给定一组抬升波导参数作为待反演大气波导参数值，其对应产生的随接收距离变化的 AIS 信号功率作为深度神经网络模型的输入反演大气波导。为了验证基于深度学习算法的大气波导反演方法的有效性，也给出了 Lévy 飞行量子行为粒子群算法的反演结果，如图5.8所示。

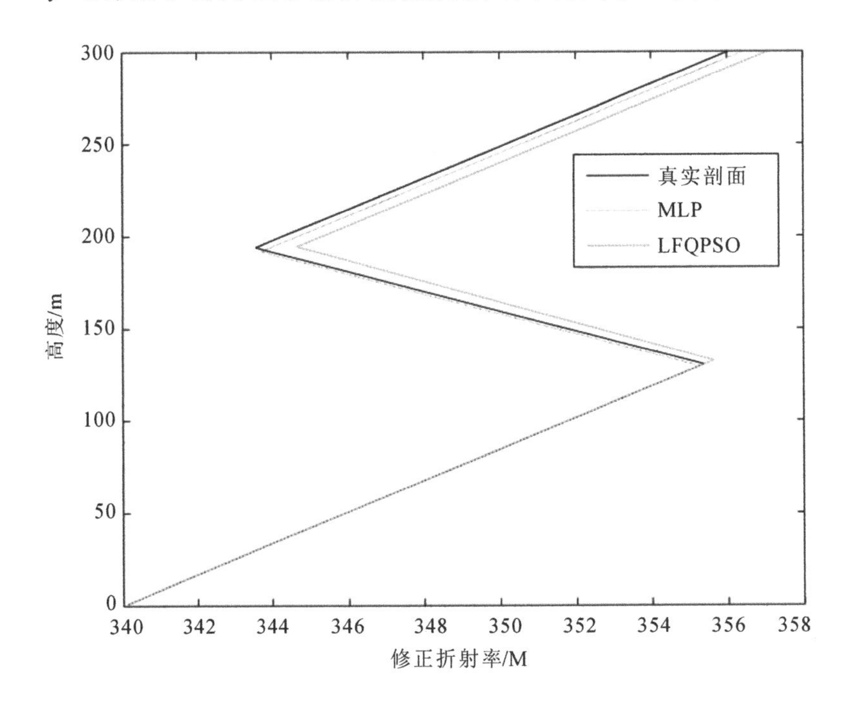

图 5.8　抬升波导反演结果

从图 5.8 可以看出，相比于 LFQPSO 算法，MLP 模型反演得到的大气修正折射率剖面更接近于真实折射率剖面，表明深度学习算法在反演抬升波导时具有更高的反演精度。

图 5.9(a)和图 5.9(b)分别给出了 MLP 模型和 LFQPSO 算法在反演抬升波导参数时的传播损耗差分布。

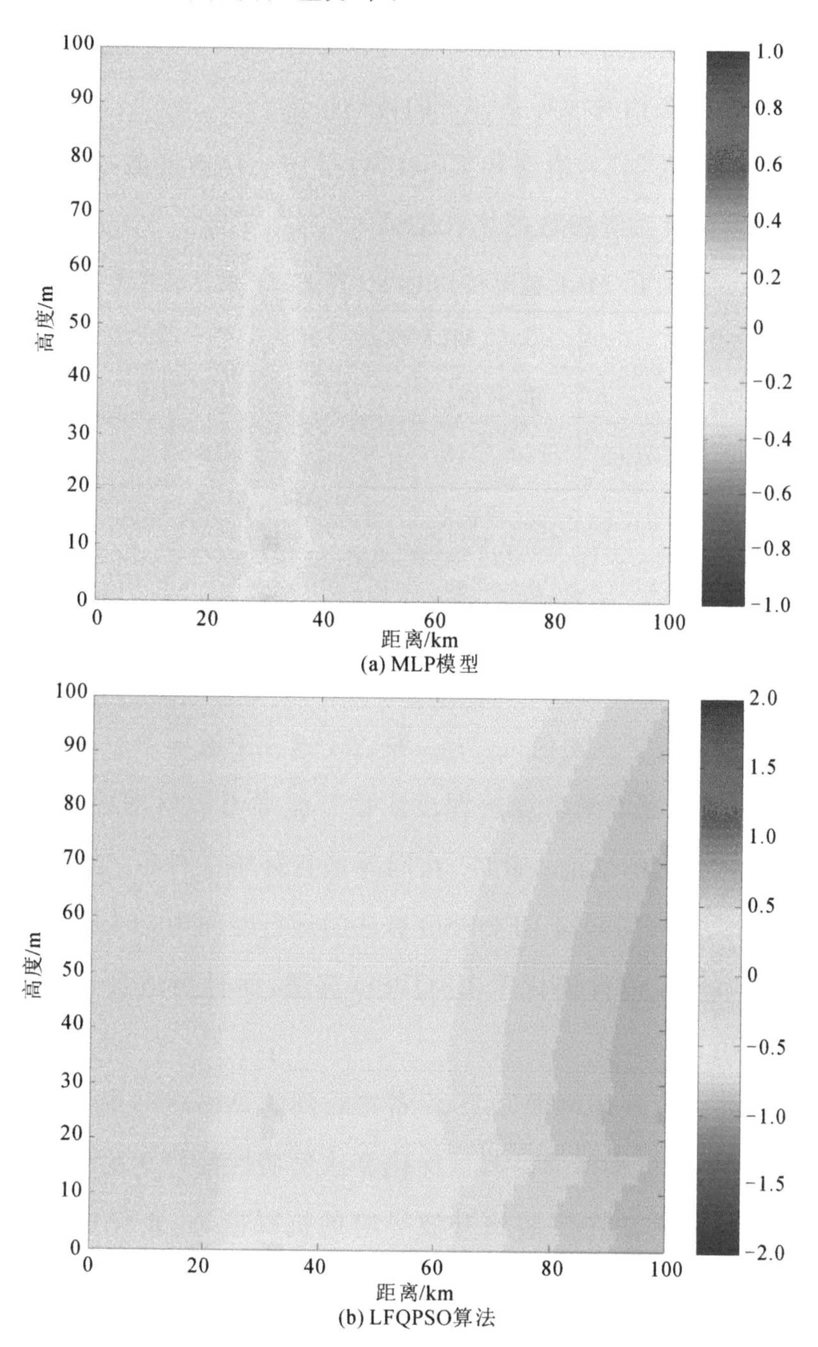

图 5.9 传播损耗差

从图 5.9(a)和图 5.9(b)的对比中可以看出，MLP 模型所得反演结果的传播损耗差小于 LFQPSO 算法，基本上处于 1dB 的误差范围内。因此，将深度学习算法反演得到的波导参数输入 AIS 信号正向传播模型可以用来模拟 AIS 信号在抬升波导条件下的传播特性。

为了定量分析 MLP 模型和 LFQPSO 算法的反演性能，表 5.4 给出了两种算法反演抬升波导参数的统计结果。

表 5.4　MLP 模型和 LFQPSO 算法的反演性能对比

波导参数	真实值	MLP 模型		LFQPSO 算法	
		反演值	RE	反演值	RE
z_b	130.3492	129.3548	0.76%	132.4837	1.64%
z_{thick}	63.8174	62.6105	1.89%	62.1481	2.62%
ΔM	11.8144	11.5548	2.20%	10.9712	7.14%

从表 5.4 可以看出，与 LFQPSO 算法相比，MLP 模型反演得到的抬升波导参数值更接近于真实值，z_b、z_{thick} 和 ΔM 这三个波导参数的反演相对误差也更小。因此，深度学习算法在反演抬升波导参数时准确性更高，这也验证了图 5.8 得出的结论。此外，在同等运行环境条件下，MLP 模型反演所需的时间小于 0.01s，而 LFQPSO 算法的运行时间为 4869.1s。因此，深度学习算法不但反演性能优于 LFQPSO 算法，而且更适合于抬升波导的实时反演应用。

在实际海上大气环境中，AIS 设备接收到的 AIS 信号通常包含大量的噪声信息。因此，抗噪能力是测试优化算法反演性能好坏的重要指标。为了研究深度学习算法在反演抬升波导时的抗噪能力，将噪声电平分别为 5dB 和 10dB 的高斯白噪声添加到模拟的随接收距离变化的 AIS 信号功率中，然后将其作为深度神经网络模型的输入进行大气波导的反演。表 5.5 给出了不同噪声电平假设情况下 MLP 模型的反演结果。

表 5.5 不同噪声电平情况下 MLP 模型的反演性能

波导参数	反演值		
	0dB	5dB	10dB
z_b	129.3548	128.8341	132.3736
z_{thick}	62.6105	65.3922	62.1357
ΔM	11.5548	11.0195	12.9734

图 5.10 给出了基于表 5.5 中不同噪声电平情况下 MLP 模型所得反演结果的大气修正折射率剖面。从图 5.10 可以看出，在 5dB 噪声电平情况下，MLP 模型反演得到的大气修正折射率剖面和真实折射率剖面很接近。随着噪声电平的进一步增加，当噪声电平达到 10dB 时，反演误差有所增大，但仍然可以较好地拟合真实剖面，表明深度学习算法在反演抬升波导参数时具有一定的抗噪能力。

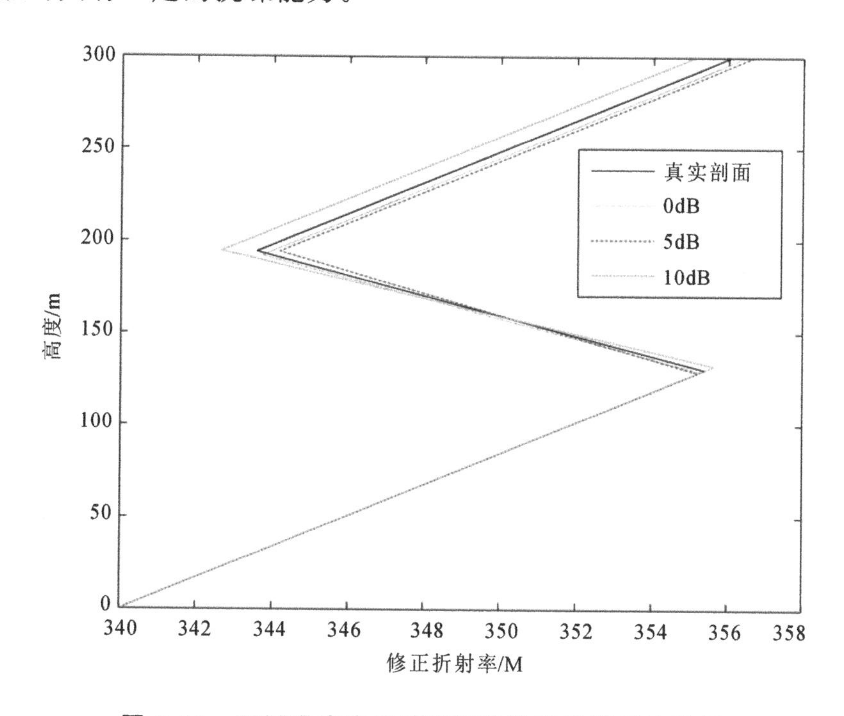

图 5.10 不同噪声电平情况下的抬升波导反演结果

图 5.11(a)和图 5.11(b)分别给出了 5dB 和 10dB 噪声电平情况下

MLP 模型所得反演结果的传播损耗差分布。

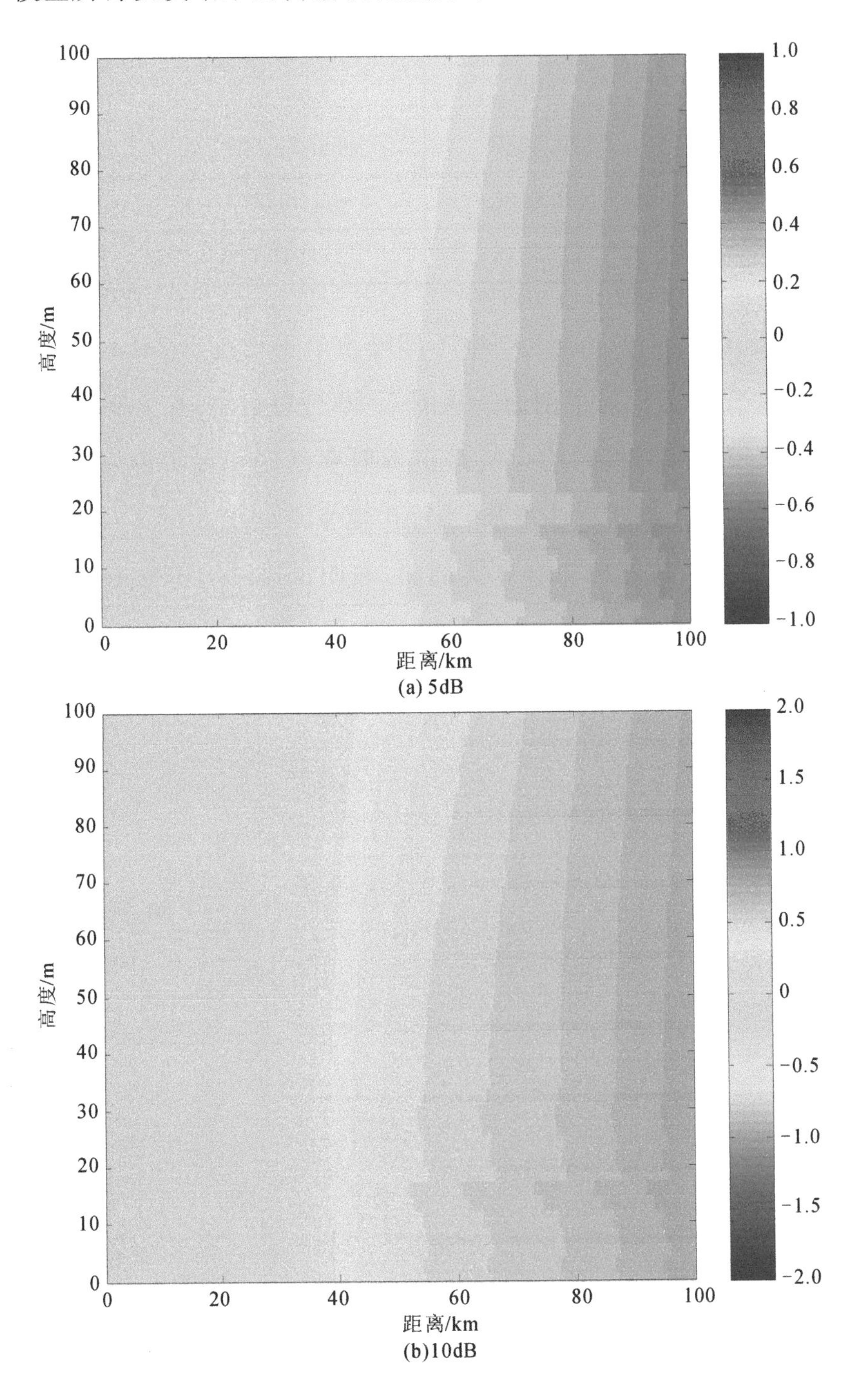

(a) 5dB

(b)10dB

图 5.11　传播损耗差

从图 5.11(a)和图 5.11(b)的对比中可以看出，随着噪声电平的增加，传播损耗差逐渐增大，但都处于可以接受的范围内，表明深度学习算法在反演抬升波导参数时具有一定的抗噪能力，将反演得到的波导参数输入 AIS 信号正向传播模型仍然可以用来拟合抬升波导条件下 AIS 信号的传播特性。

5.4.3 混合波导反演

前面已经证明了深度学习算法反演表面波导和抬升波导的能力，接下来将其用于混合波导的反演，混合波导参数的取值范围，如表 5.6 所示。首先在给定的混合波导参数取值区间上利用拉丁超立方抽样方法抽样产生 100000 组混合波导参数集 $\boldsymbol{m}=(d,c_1,z_b,z_{\text{thick}},\Delta M)$，然后将其输入 AIS 信号正向传播模型，从而产生对应的 100000 组随接收距离变化的 AIS 信号功率 $\boldsymbol{P}_r$。仿真参数：AIS 发射频率为 162MHz，天线架设高度为 10m，极化方式为垂直极化。混合波导反演在 10～50km 的距离上进行，每 250m 取 1 个点，即每组 AIS 信号功率矢量包含 161 个点。因此，输入层包含 161 个神经元，输出层则包含 3 个神经元。然后将产生的 100000 组数据按照 80%、10%和 10%的比例划分为训练数据、验证数据和测试数据，并通过 min-max 方法进行标准化处理。

表 5.6 混合波导参数的取值范围

波导参数	下限	上限	单位
蒸发波导高度 d	0	40	m
波导混合层斜率 c_1	−1	0.4	M/m
波导基底高度 z_b	3	300	m
波导陷获层厚度 z_{thick}	0	100	m
波导强度 ΔM	0	100	M

超参数的选择对深度神经网络模型的性能好坏有着十分重要的影响，利

用神经网络模型结构优化算法进行选择，参数设置为：神经网络隐藏层神经元数的取值范围为(1,300)，适应度函数为MSE函数，最大迭代次数为30，P_{max}为60，最大隐藏层数为6。Adam算法的初始学习速率设为0.001，批尺寸的大小为200，训练epoch的大小为1000，其他参数采用Kingma和Ba推荐的默认值。最终得到的最优神经网络结构为：6个隐藏层，对应的神经元数分别为198、103、100、49、23和10，具体结果如表5.7所示。

表5.7 神经网络模型结构优化结果

隐藏层数	隐藏层神经元数	训练集MSE	测试集MSE
1	194	8.5592	8.8416
2	258,139	6.8837	7.1368
3	242,137,55	7.9113	8.3172
4	260,182,76,20	6.3972	6.6534
5	223,160,181,69,15	6.9611	7.1653
6	198,103,100,49,23,10	5.7284	6.0341

在深度神经网络训练好之后，就可以选择一组混合波导参数作为待反演大气波导参数，然后将其对应产生的AIS信号功率输入神经网络模型反演大气波导。

首先研究蒸发波导和有基础层表面波导相结合的混合波导反演监测问题，深度学习算法的反演结果如图5.12所示。为了验证深度学习算法反演混合波导的有效性，也给出了Lévy飞行量子行为粒子群算法的反演结果。

从图5.12可以看出，MLP模型反演得到的蒸发波导和有基础层表面波导相结合的混合波导修正折射率剖面与真实折射率剖面的拟合度更高，表明深度学习算法具有更好的反演精度。

图5.13给出了基于MLP模型和LFQPSO算法所得反演结果的传播损耗差分布。

对比图5.13(a)和图5.13(b)可以看出，MLP模型所得反演结果的传

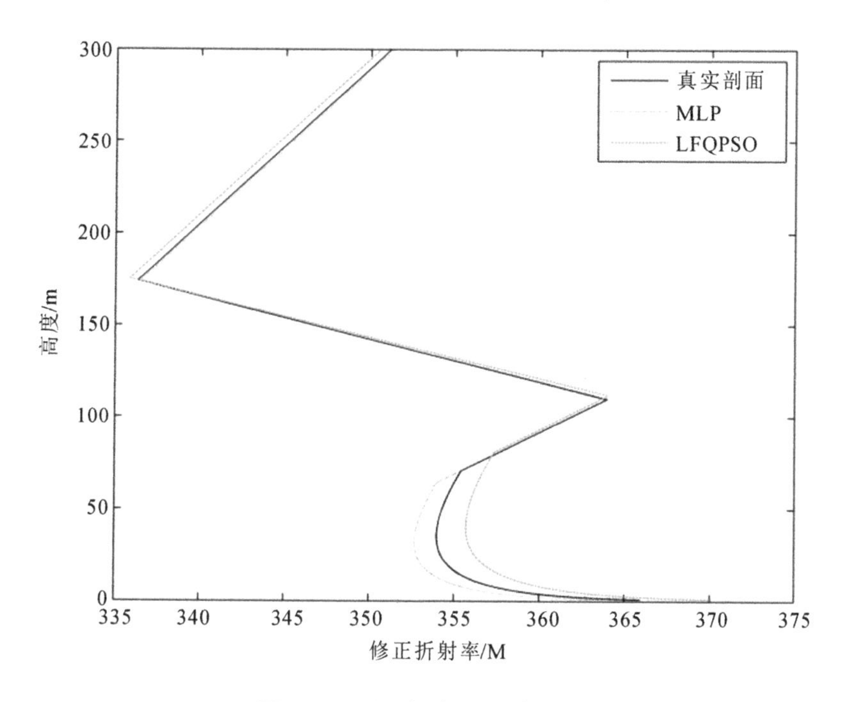

图 5.12 混合波导反演结果

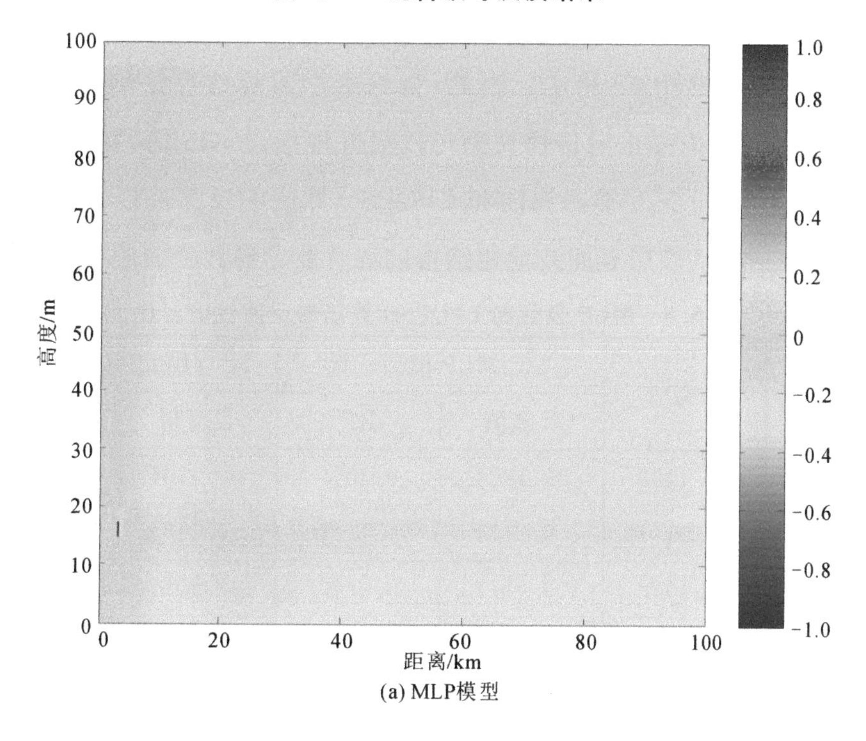

(a) MLP模型

图 5.13 传播损耗差

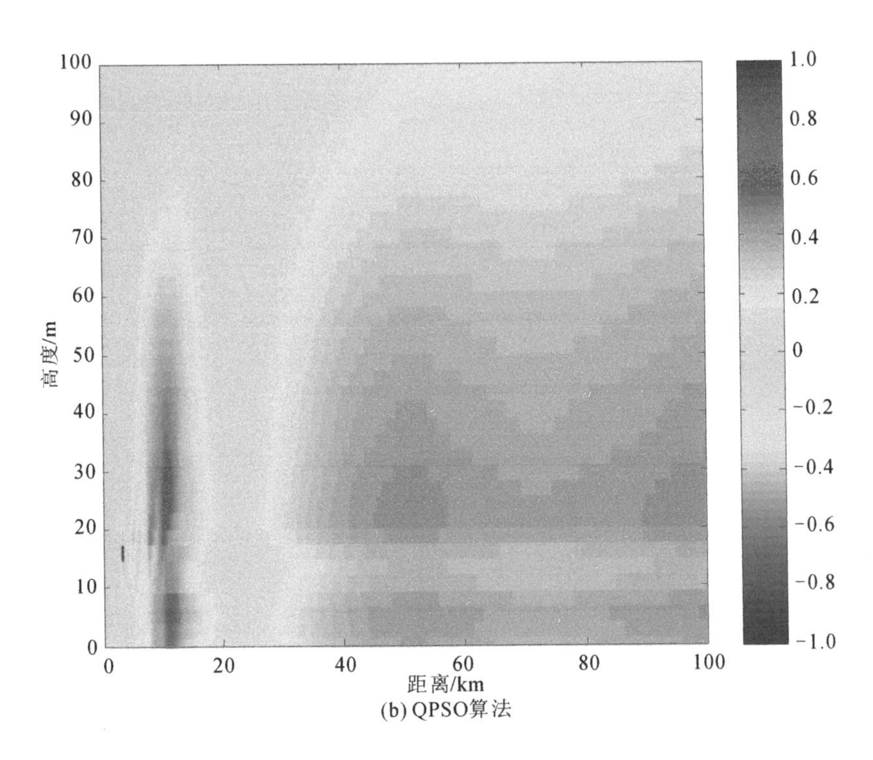

(b) QPSO算法

图 5.13 传播损耗差(续)

播损耗差小于 LFQPSO 算法。因此,将深度学习算法反演得到的混合波导参数输入 AIS 信号正向传播模型可以更好地拟合 AIS 信号的传播特性。

为了定量分析深度学习算法和 LFQPSO 算法的反演性能,表 5.8 给出了蒸发波导和有基础层表面波导相结合的混合波导参数反演的统计结果。

表 5.8 MLP 模型和 LFQPSO 算法的反演性能对比

波导参数	真实值	MLP 模型		LFQPSO 算法	
		反演值	RE	反演值	RE
d	35.4182	32.1934	9.10%	40.4591	14.23%
c_1	0.2174	0.2171	0.14%	0.2139	1.61%
z_b	110.1528	109.8912	0.24%	112.1982	1.86%
z_{thick}	63.7823	64.0251	0.38%	62.8528	1.46%
ΔM	27.6391	27.3759	0.95%	28.1724	1.93%

从表 5.8 可以看出,相较于 LFQPSO 算法,MLP 模型反演得到的大气

波导参数值更接近于真实值，相对误差也更小，表明深度学习算法的反演准确性优于 LFQPSO 算法，这也验证了图 5.12 得出的结论。然而，由于蒸发波导对 AIS 信号传播特性的影响很小，因此两种算法对蒸发波导高度的反演误差都比较大，但是深度学习算法反演得到的蒸发波导高度的相对误差仍然小于 LFQPSO 算法。此外，对于训练好的 MLP 模型来说，在配置 CPU 为 Intel i5，主频为 3.2GHz，系统内存为 16GB 的计算机上安装的 MATLAB 2016a 中反演混合波导参数所需的时间小于 0.01s，远远低于 LFQPSO 算法的 5382.7s。因此，深度学习算法不但具有更好的反演性能，而且明显更适合于蒸发波导和有基础层表面波导相结合的混合波导的实时反演应用。

为了分析深度学习算法在反演蒸发波导和有基础层表面波导相结合的混合波导参数时的抗噪能力，将具有 5dB 和 10dB 噪声电平的高斯白噪声添加到模拟的随接收距离变化的 AIS 信号功率中，然后将其作为深度神经网络的输入进行大气波导的反演。不同噪声电平假设情况下 MLP 模型的混合波导参数反演结果如表 5.9 所示。

表 5.9 不同噪声电平情况下 MLP 模型的反演性能

波导参数	反演值		
	0dB	5dB	10dB
d	32.1934	31.7392	39.8513
c_1	0.2171	0.2163	0.2149
z_b	109.8912	110.4936	110.6291
z_{thick}	64.0251	63.4812	64.3184
ΔM	27.3759	27.5326	27.9819

图 5.14 给出了基于表 5.9 中 MLP 模型所得反演结果的大气修正折射率剖面。

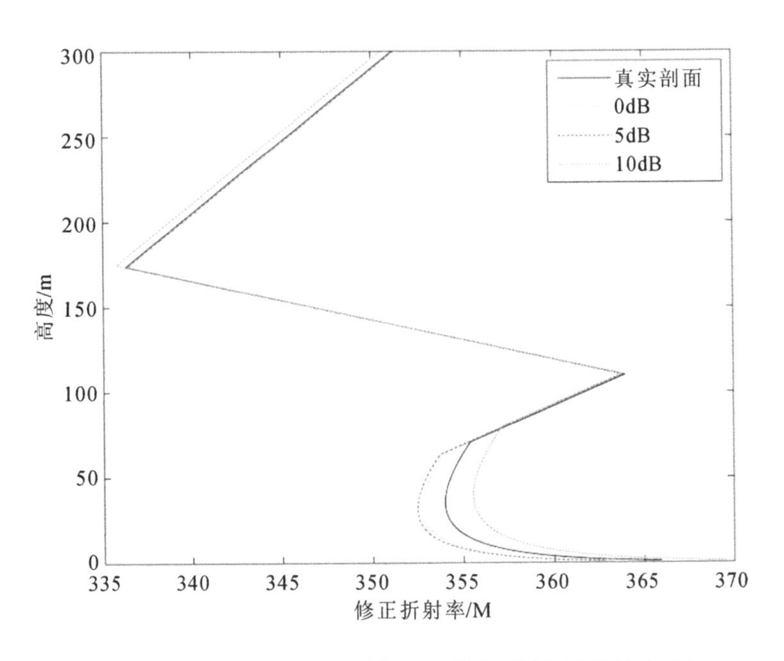

图 5.14 不同噪声电平情况下的混合波导反演结果

从图 5.14 可以看出，随着噪声电平的增加，MLP 模型的反演误差略有增大，但与真实折射率剖面的拟合度仍然很高，表明深度学习算法在反演蒸发波导和有基础层表面波导相结合的混合波导时具有一定的抗噪能力。

图 5.15 给出了不同噪声电平情况下 MLP 模型反演所得蒸发波导和有基础层表面波导相结合的混合波导参数的传播损耗差分布。

从图 5.15(a)和图 5.15(b)的对比中可以看出，随着噪声电平的增加，传播损耗差逐渐增大，但都处于 1dB 的误差范围内。不同噪声电平情况下 MLP 模型所得反演结果的传播损耗差略大于无噪声情况，但仍然处于可以接受的范围内。因此，将深度学习算法反演得到的蒸发波导和有基础层表面波导相结合的混合波导参数输入 AIS 信号正向传播模型，所得结果可以用来拟合 AIS 信号在混合波导条件下的传播特性。

接下来研究蒸发波导和抬升波导相结合的混合波导反演监测问题。因为在之前的反演过程中已经获得训练好的深度神经网络模型，所以可以

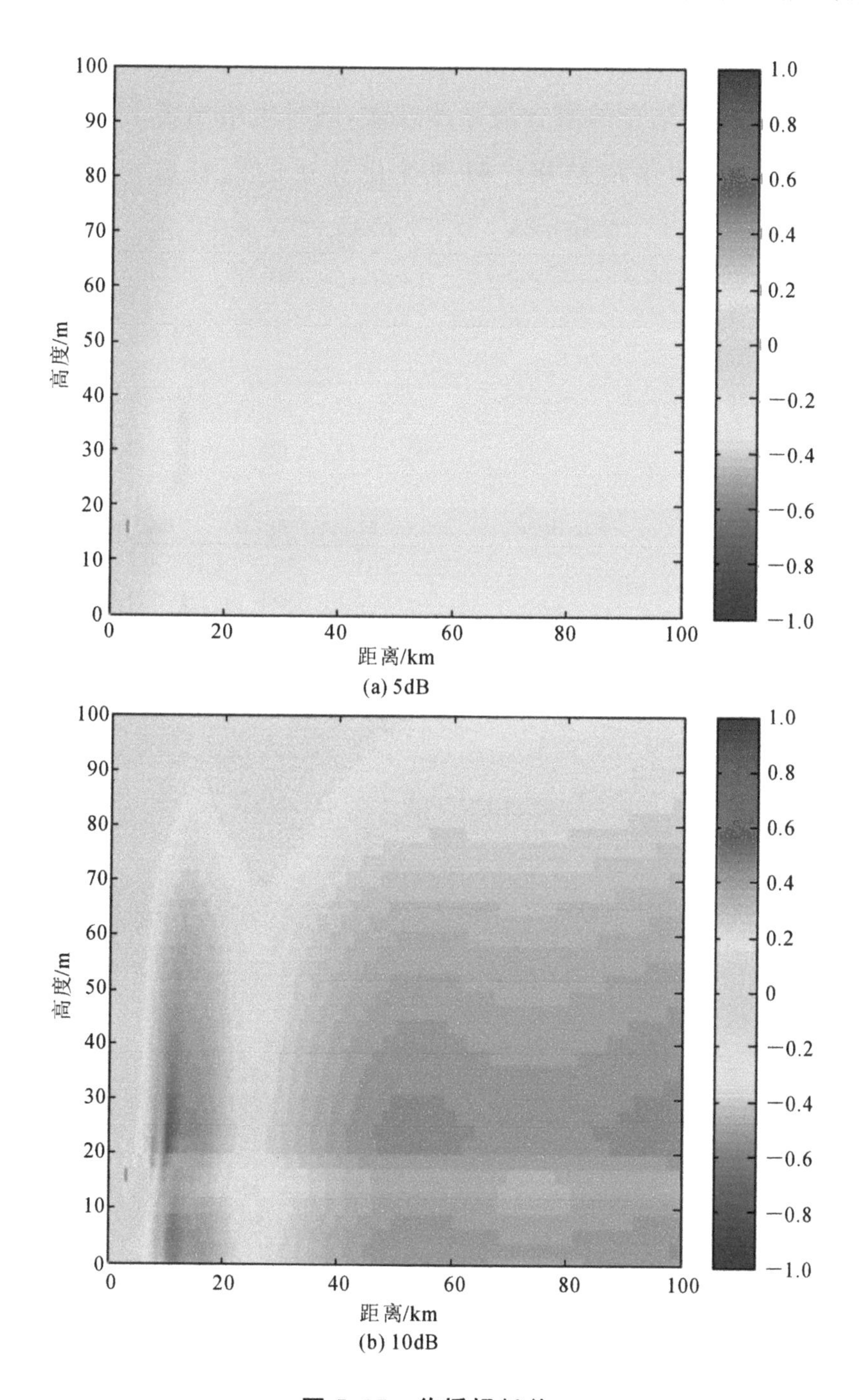

(a) 5dB

(b) 10dB

图 5.15 传播损耗差

直接选定一组混合波导参数作为待反演大气波导参数，将其输入 AIS 信号正向传播模型，然后将产生的随接收距离变化的 AIS 信号功率数据作为神经网络模型的输入进行波导反演。为了验证利用深度学习算法反演蒸发波导和抬升波导相结合的混合波导的性能，同时也给出了 Lévy 飞行量子行为粒子群算法的反演结果。两种优化算法的混合波导反演结果如图 5.16 所示。

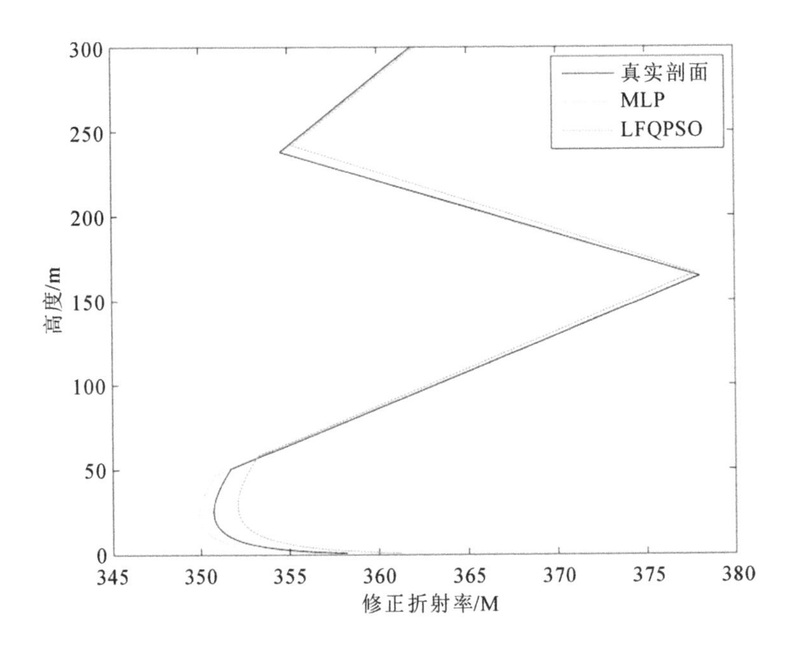

图 5.16　混合波导反演结果

从图 5.16 可以看出，虽然 MLP 模型和 LFQPSO 算法反演得到的大气修正折射率剖面与真实折射率剖面的拟合性都很好，但 MLP 模型的反演剖面更接近于真实剖面。因此，对于蒸发波导和抬升波导相结合的混合波导来说，深度学习算法的反演精度更高。

图 5.17 给出了基于 MLP 模型和 LFQPSO 算法所得反演结果的传播损耗差分布。

从图 5.17(a)和图 5.17(b)的对比中可以看出，MLP 模型所得反演结果的传播损耗差小于 LFQPSO 算法。因此，将深度学习算法反演得到的混合波导参数输入 AIS 信号正向传播模型可以更好地拟合 AIS 信号的传播特性。

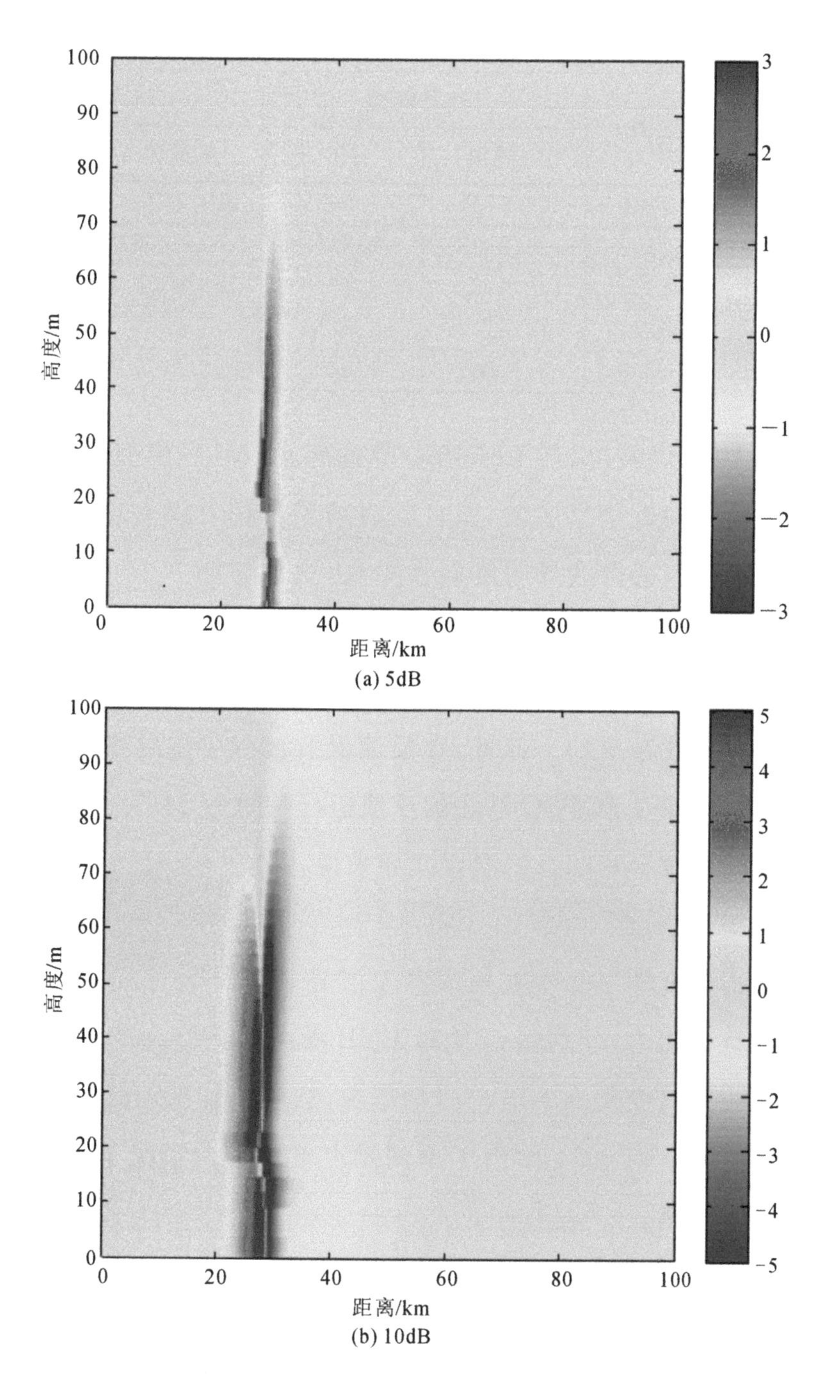

图 5.17 传播损耗差

为了定量分析深度学习算法和 LFQPSO 算法的反演性能，表 5.10 给出了蒸发波导和抬升波导相结合的混合波导参数反演的统计结果。

表 5.10　MLP 模型和 LFQPSO 算法的反演性能对比

波导参数	真实值	MLP 模型		LFQPSO 算法	
		反演值	RE	反演值	RE
d	25.3142	23.4711	7.28%	29.1734	15.25%
c_1	0.2317	0.2308	0.39%	0.2276	1.77%
z_b	164.1933	163.4982	0.42%	166.0371	1.12%
z_{thick}	73.9154	74.5137	0.81%	75.9825	2.80%
ΔM	23.4738	23.0882	1.64%	22.5377	3.99%

从表 5.10 可以看出，与 LFQPSO 算法相比，MLP 模型反演得到的混合波导参数值更接近于真实值，而且反演结果的相对误差也更小，表明深度学习算法在反演混合波导时准确性更高，这也与图 5.16 得出的结论相一致。然而，需要注意的是，两种优化算法对蒸发波导高度的反演误差都比较大，远远超过其他波导参数的反演误差，这主要是 AIS 信号传播对蒸发波导的不敏感性造成的。此外，在反演混合波导参数时 MLP 模型所需时间小于 0.01s，而 LFQPSO 算法的反演运行时间为 5417.2s。因此，对于蒸发波导和抬升波导相结合的混合波导来说，深度学习算法不但反演性能更好，而且具有实时性。

为了分析深度学习算法在反演蒸发波导和抬升波导相结合的混合波导参数时的抗噪能力，分别将 5dB 和 10dB 噪声电平的高斯白噪声添加到模拟的随接收距离变化的 AIS 信号功率中，然后将其输入深度神经网络模型反演混合波导。表 5.11 给出了不同噪声电平假设情况下 MLP 模型的混合波导反演结果。

表 5.11　不同噪声电平情况下 MLP 模型的反演性能

波导参数	反演值		
	0dB	5dB	10dB
d	23.4711	23.0375	28.1392
c_1	0.2308	0.2301	0.2355

续表

波导参数	反演值		
	0dB	5dB	10dB
z_b	163.4982	165.1093	165.6723
z_{thick}	74.5137	74.6188	72.5572
ΔM	23.0882	23.9021	24.9257

图 5.18 给出了不同噪声电平假设情况下 MLP 模型反演得到的蒸发波导和抬升波导相结合的混合波导修正折射率剖面。

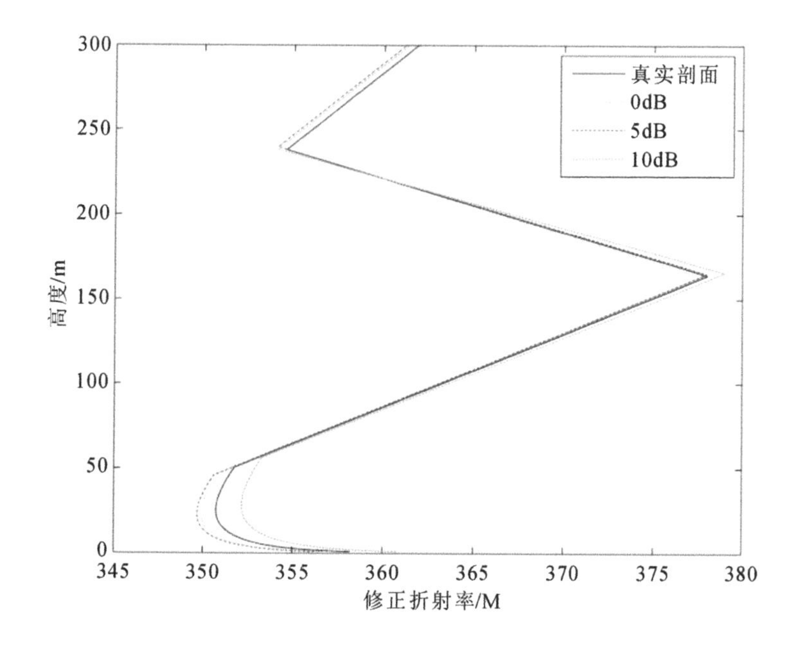

图 5.18 不同噪声电平情况下的混合波导反演结果

从图 5.18 可以看出，随着噪声电平的增加，MLP 模型的反演误差略有增大，但仍然可以较好地拟合真实折射率剖面。因此，深度学习算法在反演蒸发波导和抬升波导相结合的混合波导时具有一定的抗噪能力。

图 5.19 给出了不同噪声电平情况下深度学习算法反演所得蒸发波导和抬升波导相结合的混合波导参数的传播损耗差分布。

从图 5.19(a)和图 5.19(b)的对比中可以看出，随着噪声电平的增加，传播损耗差略有增大，但都处于可以接受的误差范围内。因此，对于蒸发波导和抬升波导相结合的混合波导反演来说,深度学习算法具有一定的鲁棒性。

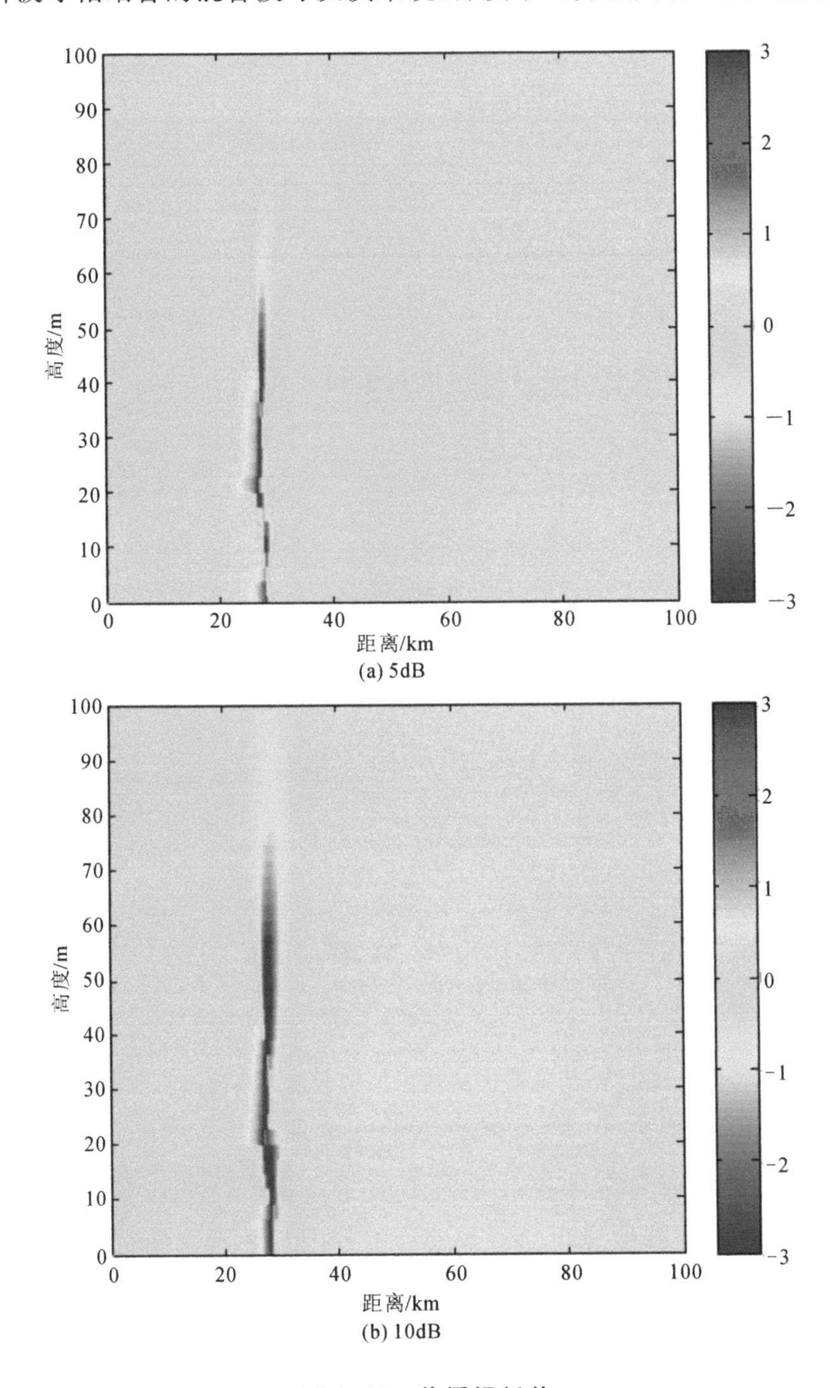

图 5.19　传播损耗差

第6章　AIS信号反演大气波导海上试验

在前面的研究中通过仿真验证了AIS信号反演监测大气波导的可行性，然而，需要检验基于AIS信号的大气波导反演监测结果在实际海域中的准确性。因此，有必要通过在相关海域开展试验，有针对性地采集试验数据，评估反演结果，对AIS信号反演监测大气波导方法进行改进和完善。

本章主要研究AIS信号反演监测大气波导海上试验验证问题。首先研制便携式高灵敏度民用AIS信号采集系统，分析AIS信号的接收与处理过程。然后设计海上试验方案，给出相关试验设备，研究AIS信号功率数据和大气波导数据的处理方法。最后，利用实测数据验证AIS信号反演监测大气波导方法在实际海域的可行性。

6.1　便携式高灵敏度民用AIS信号采集系统设计

在利用AIS信号反演监测大气波导的过程中，需要采集海上船舶AIS发射机辐射的信号功率值，而现有AIS接收机无法提供此功能。此外，由于需要对大范围海域的大气波导进行监测，需要实时搜集尽可能远的船舶、尽可能微弱的 AIS 信号。为了解决上述问题，研制了便携式高灵敏度民用 AIS 信号采集系统。

便携式高灵敏度民用 AIS 信号采集系统组成如图 6.1 所示，主要由 AIS 天线、AIS 接收机、信号处理机、显示处理机和电源单元组成。

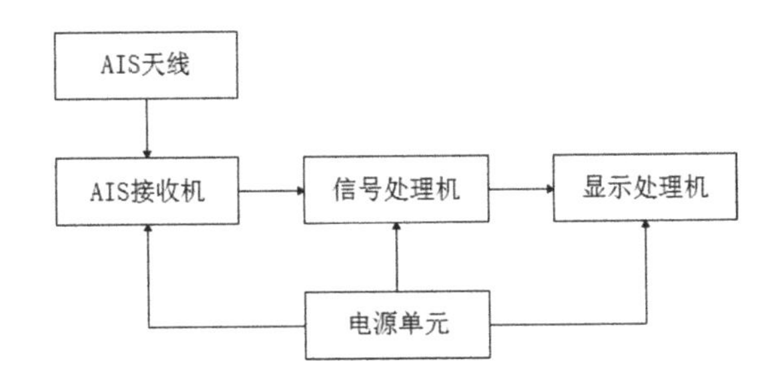

图 6.1　AIS 信号采集系统组成

1. AIS 天线

AIS 天线工作在 156～162.025MHz 的频段，主要用来接收海上 AIS 频段的无线电信号，并将无线电信号转换为模拟射频信号，是 AIS 接收机的信号来源。

2. AIS 接收机

AIS 接收机是对 AIS 频段的无线电模拟信号进行处理的单元，用途是将接收到的 AIS 微弱模拟信号进行逐级放大、滤波并根据后端 ADC 的技术特性对模拟信号进行下变频处理，使接收到的射频信号质量达到后端 ADC 采样的要求。根据 AIS 无线电频谱特性和信号编码特点，AIS 接收机原理如图 6.2 所示。

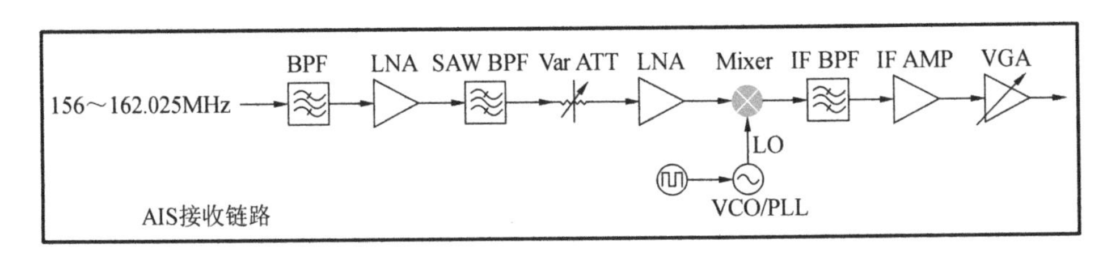

图 6.2　接收机原理

接收链路首先对信号进行带通滤波、小信号放大、带通滤波，这样处理的目的是初步保证接收信号的质量。然后利用可调衰减器对接收到的信号进行处理，对处理完成的信号再次进行放大，此时接收信号强度有所增强，信号中的无用频率相对较少，接着通过混频器进行下变频处理，从而将接收到的信号搬移到中频频段。在信号搬移过程中会产生各种谐波，因此再采用带通滤波器对信号进行滤波，从而衰减掉由于频率搬移而产生的干扰信号，最后采用中频放大器对搬移后的中频信号进行放大，使接收到的信号满足后端 ADC 使用的需求。

在整个接收工作的过程中，接收机接收到的信号强度大小不一，会导致接收链路信号输出存在信号强度大小不同的情况，有可能整个接收链路最终输出的信号强度超过了 ADC 的采样阈值，导致 ADC 采样饱和，影响信号的解调，大大降低整个接收机的性能指标，所以在接收链路的最后一级采用可编程的 VGA，这样可以动态地调整整个接收链路的最后输出，保证接收机的输出满足 ADC 采样的要求，从而大大提高 AIS 设备的接收性能。

表 6.1 给出了 AIS 接收机的性能指标。

表 6.1 AIS 接收机性能指标

参数	性能指标
频率范围	156～162.025MHz
默认信道	CH87/AIS1(161.975MHz) CH88/AIS2(162.025MHz)
信号带宽	25kHz、12.5kHz
通道数量	2
灵敏度	−114dBm，PER≤20%
高输入电平	−77dBm，PER≤1% −7dBm，PER≤1%

续表

参数	性能指标
抑制	10dB
邻道选择性	≥70dB,PER≤20%
杂散响应抑制	≥70dB,PER≤20%
互调响应抑制	≥74dB,PER≤20%
阻塞	≥86dB,PER≤20%
杂散发射	−57dBm,9kHz～1GHz −47dBm,1～4GHz

为了获取船舶的实时位置信息,并提供时间同步功能,也集成了 GPS 接收机。GPS 接收机采用的是 U-BLOX 的 GNSS 接收机,该接收机可以同时接收 GPS、GLONASS 和北斗卫星导航系统的定位导航信息。甚高频数据交换系统(VDES)可以通过该 GNSS 接收机提供的时间信息进行 VDES 网络的时隙同步功能,并提供高精度的位置信息和时间信息。GNSS 接收机的性能指标如表 6.2 所示。

表 6.2　GNSS 接收机性能指标

参数	性能指标
接收机	支持 GPS/QZSS L1C/A 支持 GLONASS L10F 支持北斗 B1
同步更新速率	10Hz
定位精度	2m
冷启动	26s
辅助启动	2s
重捕获	1s
灵敏度	−167dBm

3. 信号处理机

便携式高灵敏度民用AIS信号采集系统的信号处理机采用高速ADC转换芯片将AIS接收机接收到的射频模拟信号转换为数字信号，然后通过软件算法对数字信号进行处理，经过信号的解调，获得接收到的原始信息，得到相应的报文或协议，最后将获得的原始信息通过通信接口发送给显示处理机进行显示。该模块主要分为信号处理机硬件平台和数字信号处理软件，主要要求具备模数转换能力和高速的数字信号处理能力。信号处理分机原理如图6.3所示。

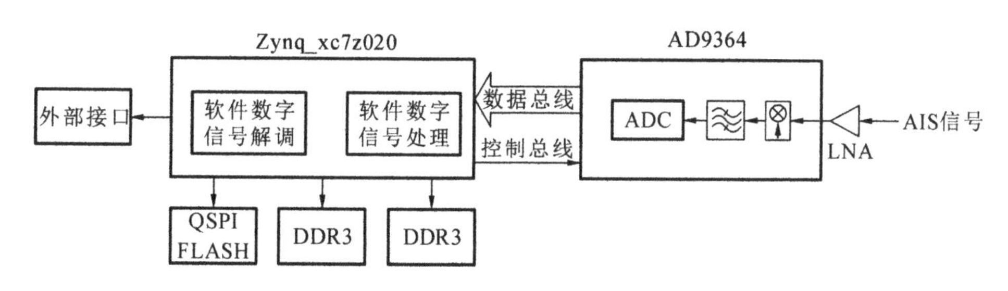

图6.3 信号处理机原理

信号处理机的硬件平台主要由AD9364模数转换芯片、Zynq_xc7z020芯片、DDR3存储器、QSPI FLASH和外部接口组成。AD9364主要实现模拟信号到数字信号的转换，AD9364采样带宽为70MHz到6GHz，采样精度为12bit，内部集成了各种信号处理模块，方便设计人员的设计开发。采用的主要处理器为Zynq_xc7z020，分为可编程逻辑单元和可编程系统单元。可编程逻辑单元是Artix-7系列FPGA，可编程系统单元包含了两个A9系列的ARM内核，工作频率为633MHz，支持Linux等操作系统的运行，可集成4GB的DDR3作为运行内存，采用QSPI FLASH或SD启动程序。另外信号处理分析集成了常用的外部接口和外部进行数据交换，外部接口包括USB、RS232和以太网等。

信号处理机的软件部分分为软件数字信号处理和软件数字信号解调两部分。软件数字信号处理是通过软件的方法对接收到的数字信号进行数字下变频、数字信号抽取和数字信号滤波等处理。另外，该软件单元模块还包含了对 AD9364 芯片和接收机的控制、监测接收链路的工作状态等。软件数字信号解调是采用软件的方法实现数字信号的信号同步、信号捕获和信号解调等处理。

4. 显示处理机

显示处理机主要是对信号处理机上传的数据参数进行图像化显示，给用户提供一个友好的操作界面，方便用户更直观地对监视目标的状态参数进行了解。另外，显示处理机自身携带大容量的存储 ROM，可以实现对监视目标的数据参数进行历史存储，并提供历史记录查询功能。显示处理分机主要分为硬件部分和软件部分，硬件采用骁龙 625 处理器，从而集成 4GB 的 DDR 内存和 64GB 的 ROM 存储器，采用 IPS 显示，分辨率可达 1920×1200，支持触摸功能。显示处理机通过 USB 接口或 UART 接口和信号处理机进行数据通信，并将接收的数据参数进行存储和界面显示，开发的软件界面主要分为 AIS 报文解析显示、船舶消息显示和 AIS 信号频谱特性显示。下面给出显示终端的部分软件截图。

显示终端时隙状态显示部分如图 6.4 所示。

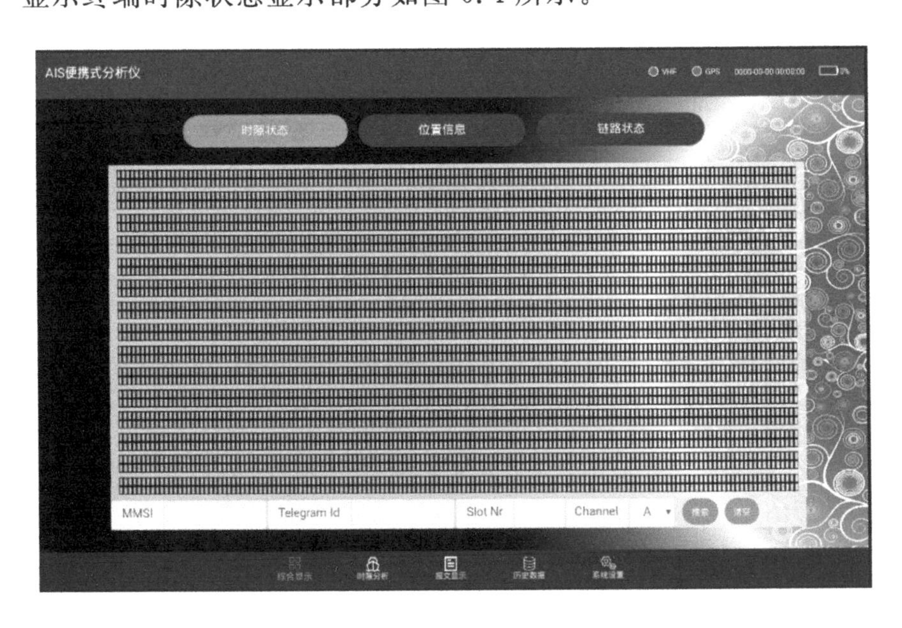

图 6.4　时隙状态显示

显示终端位置信息显示部分如图 6.5 所示。

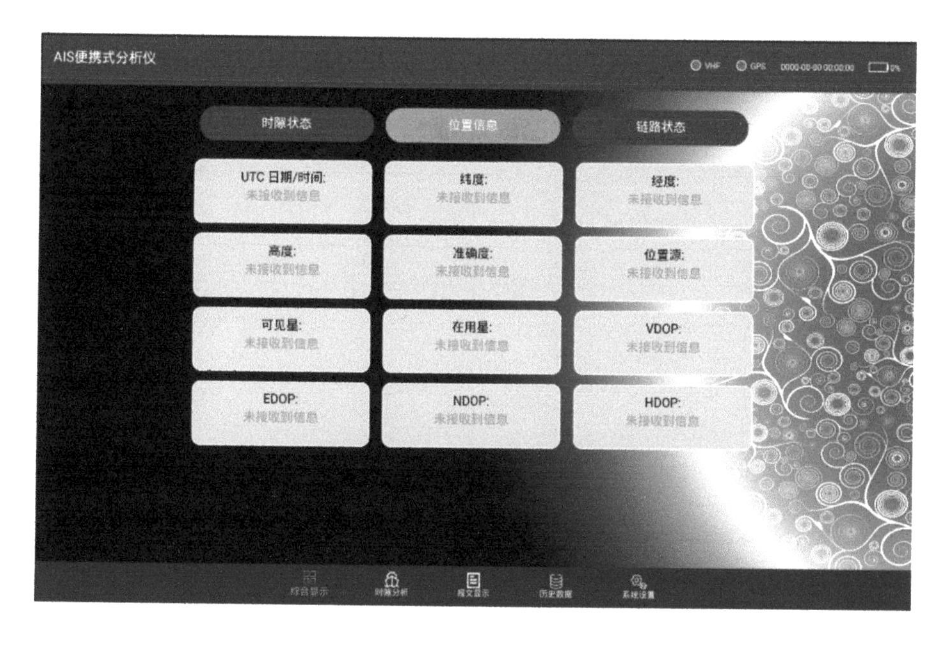

图 6.5 位置信息显示

显示终端链路状态显示部分如图 6.6 所示。

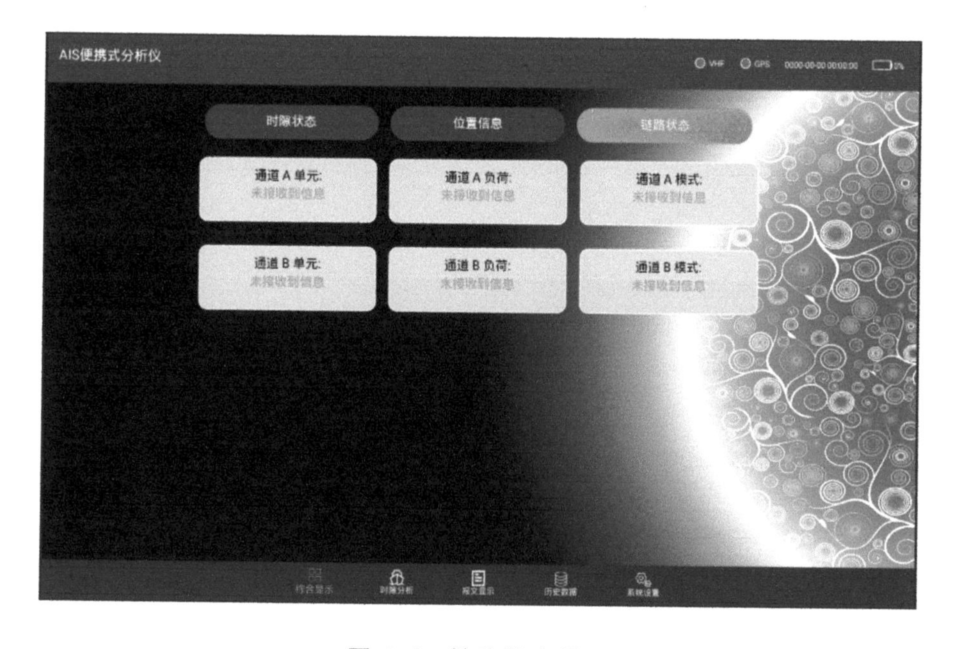

图 6.6 链路状态显示

显示终端船舶极坐标显示如图 6.7 所示。

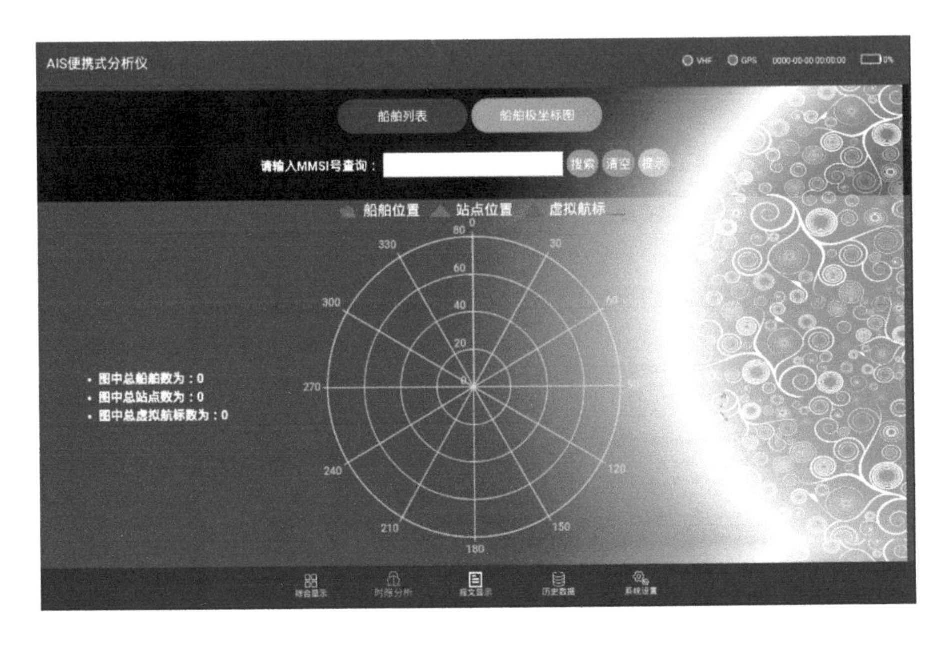

图 6.7　船舶极坐标显示

显示终端 AIS 报文实时接收输出界面如图 6.8 所示。

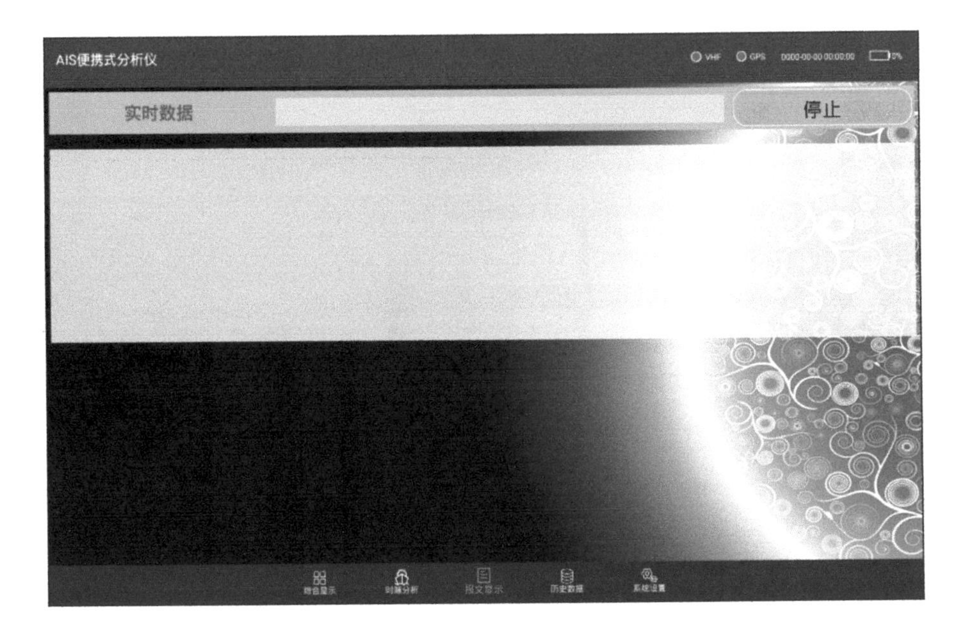

图 6.8　AIS 报文实时接收输出界面

显示终端历史数据存储和数据回放界面如图 6.9 所示。

显示终端实时数据接收模式如图 6.10 所示。

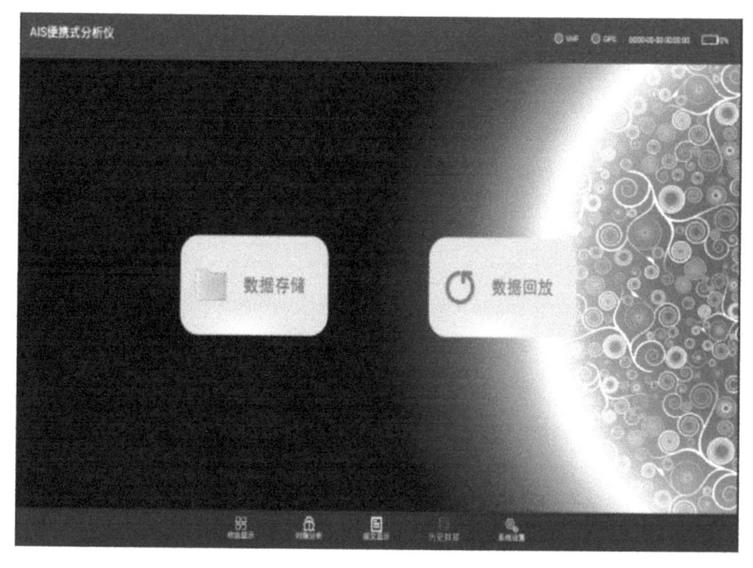

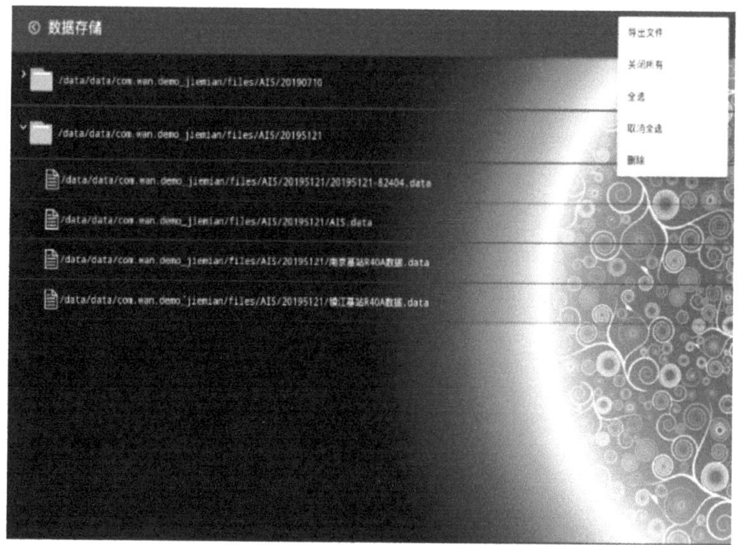

图 6.9　历史数据存储与回放界面

显示终端历史数据回放模式如图 6.11 所示。

5. 电源单元

便携式高灵敏度民用 AIS 信号采集系统的电源单元给整个系统的各个功能单元模块提供电源，保证各个模块用电的安全性和可靠性。电源单元主要包括电源管理单元、电源保护电路和电池充放电管理单元等。

图 6.10　实时数据接收模式

图 6.11　历史数据回放模式

6.2 AIS信号接收与处理

为了对 AIS 信号进行处理，首先需要对接收到的 AIS 信号进行解析。AIS 物理层、链路层、传输层的功能是解决 AIS 网络的接入和监听、信号捕获、信号帧同步、信号解码、数据的组包和数据的传输等问题，是实现 AIS 信号从无线电模拟信号到用户使用数据的过程。AIS 物理层、链路层、传输层的软件功能框图如图 6.12 所示，可对 AIS 基站报文、A 类船台 AIS 报文和 B 类船台 AIS 报文进行解析。

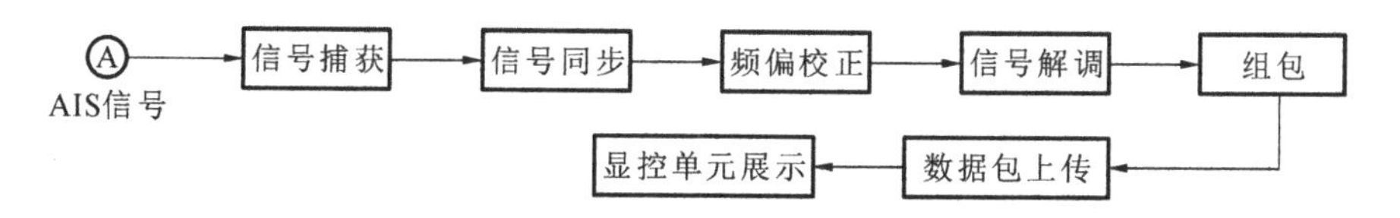

图 6.12 AIS 信号解析流程图

AIS 信号采用高斯最小频移键控(Gaussian minimum shift keying，GMSK)编码方式，而 GMSK 数字解调时可采用正交相干解调。将接收机前端送来的信号分别与相干载波信号相乘，可得

$$
\begin{aligned}
I &= \cos(w_c t + \varphi(t))\cos(w_c t) \\
&= \frac{1}{2}\cos(\varphi(t)) + \frac{1}{2}\cos(2w_c t + \varphi(t))
\end{aligned}
\tag{6.2.1}
$$

$$
\begin{aligned}
Q &= -\cos(w_c t + \varphi(t))\sin(w_c t) \\
&= \frac{1}{2}\sin(\varphi(t)) - \frac{1}{2}\sin(2w_c t + \varphi(t))
\end{aligned}
\tag{6.2.2}
$$

式中，w_c 为载波角频率，$\varphi(t)$ 为相位差。

经过低通滤波后可以得到基带信号 $\cos(\varphi(t))$ 和 $\sin(\varphi(t))$，然后进行相位计算，其中一个码元内相位的变化量为

$$\Delta\varphi(k)=\varphi(k)-\varphi(k-1) \tag{6.2.3}$$

由于在一个码元内采样的点数为 8～16 点，现取 8 点，则每相邻 2 点间的相位变化量为

$$\sin\Delta\varphi(k)=I(k-1)\cdot Q(k)-I(k)\cdot Q(k-1) \tag{6.2.4}$$

由于

$$\Delta\varphi(k)\leqslant\frac{\pi}{16} \tag{6.2.5}$$

则有

$$\sin\Delta\varphi(k)\approx\Delta\varphi(k) \tag{6.2.6}$$

式中，$\Delta\varphi(k)$反映了调制的基带信号。

AIS 接收机的 AD 采样率是 122.88MHz。因为 AIS 设备的工作频率是 161.975MHz 和 162.025MHz，在射频链路上对 AIS 的工作频率进行了下变频处理，中频频率为 32.6125MHz，采用 122.88MHz 采样，4 倍的过采样，符合奈奎斯特定理。AIS 接收机灵敏度国际上的标准是－107dBm，为了尽可能接收微弱的 AIS 信号，设计的高灵敏度 AIS 接收机的灵敏度为－114dBm。AIS 接收机的接收动态范围为－114～－7dBm。

为了提高 AIS 接收机的灵敏度，在硬件上采用高精度、高采样率、低噪声的 ADC 芯片，从而在 AIS 信号数字化后最大程度保持 AIS 信号的特征，减少外部噪声干扰，实现对非常微弱的 AIS 信号的感知和解调。另外，采用软件无线电的方式对 AIS 信号进行处理，用软件实现更高阶的通道滤波器来抑制 AIS 信号之外的噪声，可以有效提高 AIS 信号的信噪比。针对 AIS 信号的频谱特性，设计了专用的 AIS 信号解调算法，保证 AIS 信号的可靠解调。同时，在接收端采用最小均方误差准则进行信道均衡，以抵消无线多径信道对信号的影响。

6.3 AIS 信号反演大气波导海上试验验证

为了采集真实数据验证 AIS 信号反演监测大气波导的可行性，需要在实际海域进行海上试验，并根据试验结果改进和完善反演监测方法。

6.3.1 试验方案概述

为了验证 AIS 信号反演监测大气波导方法的可行性，需要进行实际的外场试验。同时，为了最小化海岛等障碍物对大气状态的影响，试验地点应该选择开阔无遮挡海域。

试验思路为：利用在岸边固定装置上架设的便携式高灵敏度民用 AIS 信号采集系统实时测量海上船舶发射的 AIS 信号功率数据，并进行存储，以便用于后续反演过程。试验海域的大气波导信息采用全球大气波导数据。最后，利用实际测量得到的 AIS 信号功率数据按照反演流程进行大气波导反演，将反演输出结果与真实大气波导参数进行对比分析，检验 AIS 信号反演监测大气波导方法在开放海域的波导监测效果。

图 6.13　AIS 信号采集系统

便携式高灵敏度民用 AIS 信号采集系统主要用于采集试验过程中的 AIS 信号功率数据，主要由 AIS 天线、AIS 接收机、信号处理机、显示处理机和电源单元组成，如图 6.13 所示。

6.3.2 试验数据采集和处理

为验证利用AIS信号反演监测大气波导方法在实际海域的可行性，在黄海某海域进行了一次海上试验，试验验证海域范围如图6.14所示。

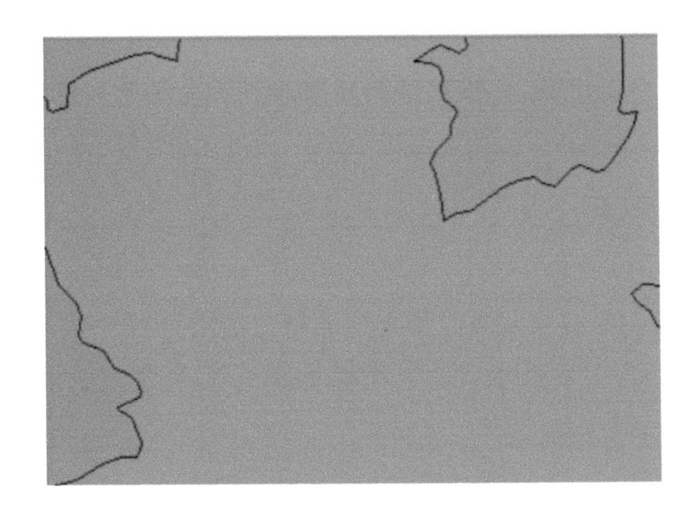

图6.14 海上试验区域

利用在海上试验过程中部署的便携式高灵敏度民用AIS信号采集系统获取了部分AIS功率数据。图6.15所示为3月29日06:00UTC采集的AIS信息显示图，其中AIS信号采集系统架设高度为40m左右，能稳定接收到479.6n mile处AIS发射机发出的信号。

根据前文所述大气波导反演流程，需要对采集的AIS信号功率数据进行处理，从而将其应用于波导反演过程。以接收到最远处AIS信号的位置为基准，将其与AIS接收机位置进行连线，即为反演路径。因为全球大气波导数据是按照网格进行划分的，所以将反演路径按照相同网格进行划分。此外，网格跨越区域较大，单个网格内不可避免地会包含多个AIS信号，为了减小反演误差，在反演时选取距离反演路径最近且距离AIS接收机最远的AIS信号功率数据。

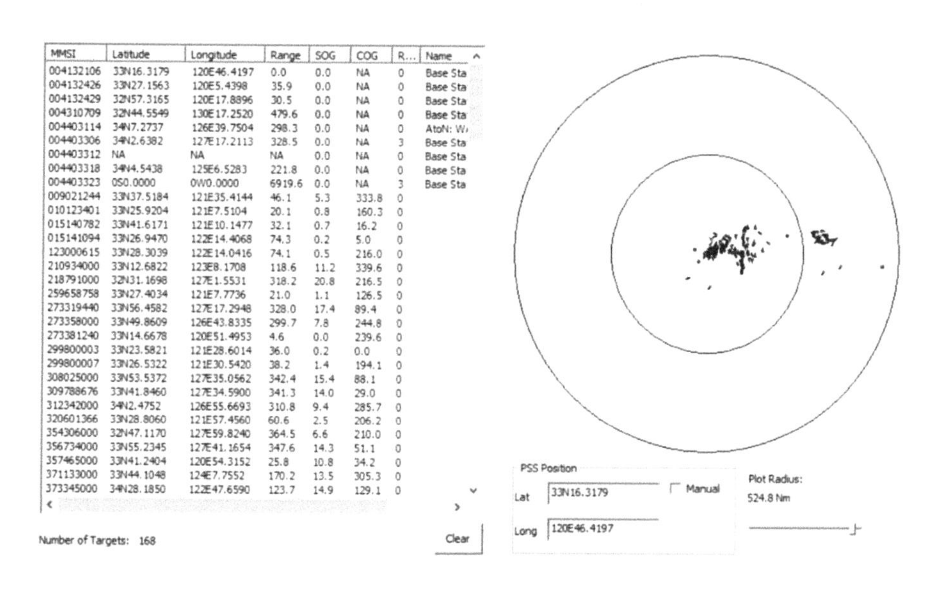

MMSI	Latitude	Longitude	Range	SOG	COG	R…	Name
004132106	33N16.3179	120E46.4197	0.0	0.0	NA	0	Base Sta
004132426	33N27.1563	120E5.4398	35.9	0.0	NA	0	Base Sta
004132429	32N57.3165	120E17.8896	30.5	0.0	NA	0	Base Sta
004310709	32N44.5549	130E17.2520	479.6	0.0	NA	0	Base Sta
004403114	34N7.2737	126E39.7504	298.3	0.0	NA	0	AtoN: W/
004403306	34N2.6382	127E17.2113	328.5	0.0	NA	3	Base Sta
004403312	NA	NA	NA	0.0	NA	0	Base Sta
004403318	34N4.5438	125E6.5283	221.8	0.0	NA	0	Base Sta
004403323	0S0.0000	0W0.0000	6919.6	0.0	NA	3	Base Sta
009021244	33N37.5184	121E35.4144	46.1	5.3	333.8	0	
010123401	33N25.9204	121E7.5104	20.1	0.8	160.3	0	
015140782	33N41.6171	121E10.1477	32.1	0.7	16.2	0	
015141094	33N26.9470	122E14.4068	74.3	0.2	5.0	0	
123000615	33N28.3039	122E14.0416	74.1	0.5	216.0	0	
210934000	33N12.6822	123E8.1708	118.6	11.2	339.6	0	
218791000	32N31.1698	127E1.5531	318.2	20.8	216.5	0	
259658758	33N27.4034	121E7.7736	21.0	1.1	126.5	0	
273319440	33N56.4582	127E17.2948	328.0	17.4	89.4	0	
273358000	33N49.8609	126E43.8335	299.7	7.8	244.8	0	
273381240	33N14.6678	120E51.4953	4.6	0.0	239.6	0	
299800003	33N23.5821	121E28.6014	36.0	0.2	0.0	0	
299800007	33N26.5322	121E30.5420	38.2	1.4	194.1	0	
308025000	33N53.5372	127E35.0562	342.4	15.4	88.1	0	
309788676	33N41.8460	127E34.5900	341.3	14.0	29.0	0	
312342000	34N2.4752	126E55.6693	310.8	9.4	285.7	0	
320601366	33N28.8060	121E57.4560	60.6	2.5	206.2	0	
354306000	32N47.1170	127E59.8240	364.5	6.6	210.0	0	
356734000	33N55.2345	127E41.1654	347.6	14.3	51.1	0	
357465000	33N41.2404	120E54.3152	25.8	10.8	34.2	0	
371133000	33N44.1048	124E7.7552	170.2	13.5	305.3	0	
373345000	34N28.1850	122E47.6590	123.7	14.9	129.1	0	

图 6.15　实际采集的 AIS 数据

6.3.3　试验结果验证

将处理过的海上试验实测数据用于 AIS 信号反演监测大气波导验证，按照前文所述大气波导反演流程在整个反演路径上按照网格间隔进行步进反演。因为全球大气波导数据可以提供每天 4 个时次的全球再分析数据，为了减小反演误差，保证 AIS 信号功率数据和大气波导数据时空上的统一性，选择 3 月 29 日 06:00UTC 采集的 AIS 信号功率数据进行反演。ERA-Interim 可以提供波导陷获层基底高度和波导陷获层顶高这两个波导参数，将其作为真实大气波导数据与反演监测结果进行对比分析。

图 6.16 为分别利用 Lévy 飞行量子行为粒子群算法和深度学习算法反演得到的波导陷获层基底高度与真实陷获层基底高度的对比图。其中，图 6.16(b)给出了图 6.16(a)中椭圆区域的局部放大图。

从图 6.16 可以看出，两种算法的反演结果与真实波导值具有较好的一致性。与 Lévy 飞行量子行为粒子群算法相比，深度学习算法反演得到

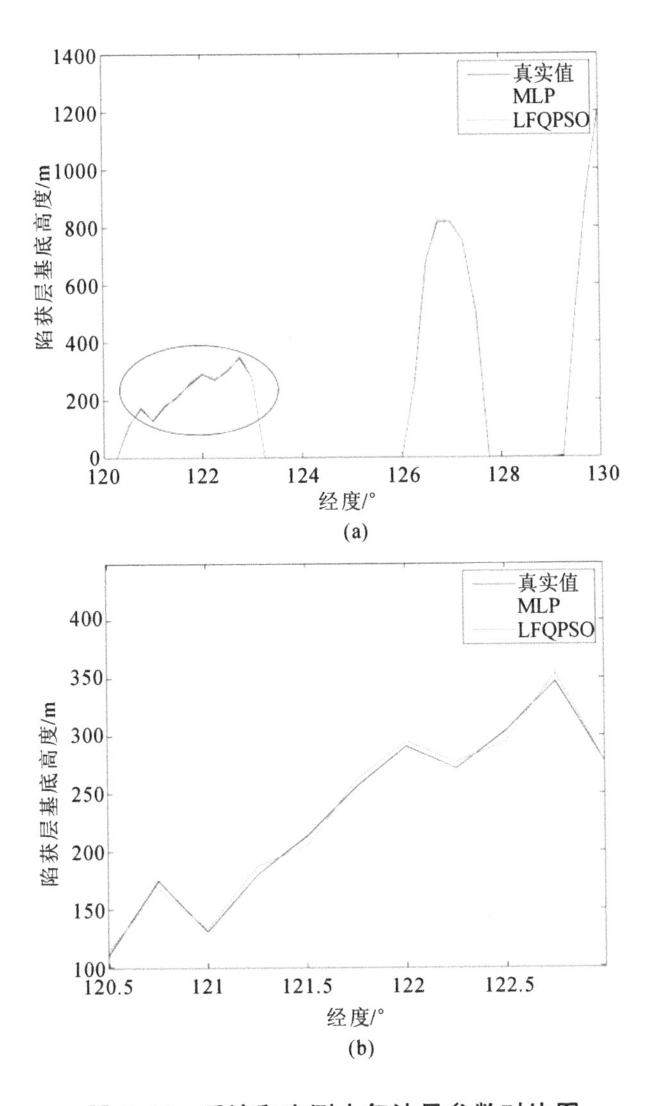

(a)

(b)

图 6.16　反演和实测大气波导参数对比图

的波导陷获层基底高度更接近于真实陷获层基底高度。反演结果表明，AIS 信号反演监测大气波导方法可以用来反演波导陷获层基底高度。

为了更直观地分析反演监测结果，图 6.17 给出了反演路径上真实波导陷获层基底高度与反演所得陷获层基底高度的差值分布。

从图 6.17 中可以看出，深度学习算法的反演结果起伏程度更小，表明与真实波导值的拟合性更好。通过对整个反演路径上的数据进行统计分析，深度学习算法所得反演结果的平均误差为 1.8m，均方根误差为 2.8m；

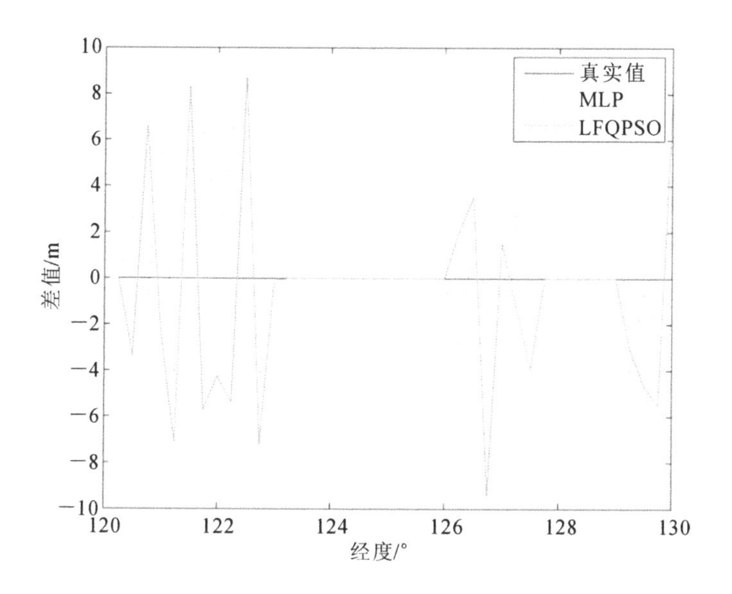

图 6.17 反演结果差

Lévy 飞行量子行为粒子群算法所得反演结果的平均误差为 2.5m，均方根误差为 4m。若剔除反演路径上波导陷获层基底高度为零的数据，则深度学习算法所得反演结果的平均误差为 3.4m，均方根误差为 3.8m；Lévy 飞行量子行为粒子群算法所得反演结果的平均误差为 4.8m，均方根误差为 5.5m。

图 6.18 为分别利用 Lévy 飞行量子行为粒子群算法和深度学习算法反演得到的波导陷获层顶高与真实陷获层顶高的对比图。其中，图 6.18(b)为图 6.18(a)中椭圆区域的局部放大图。

从图 6.18 可以看出，两种算法的反演波导参数与真实波导值的拟合度很高。相比于 Lévy 飞行量子行为粒子群算法，深度学习算法反演得到的波导陷获层顶高更接近于真实陷获层顶高。反演结果表明，AIS 信号反演监测大气波导方法可以用来反演波导陷获层顶高。

为了更直观地分析反演监测结果，图 6.19 给出了反演路径上真实波导陷获层顶高与反演所得陷获层顶高的差值分布。

从图中可以看出，深度学习算法所得反演结果的抖动程度小于 Lévy

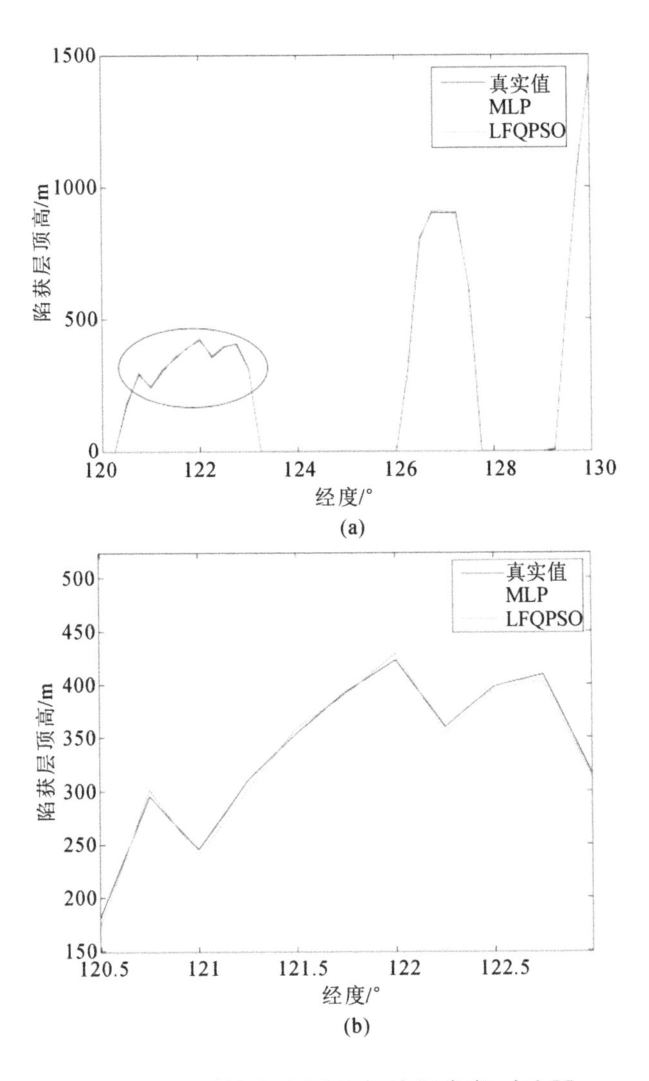

图 6.18　反演和实测大气波导参数对比图

飞行量子行为粒子群算法的反演结果,表明深度学习算法对波导陷获层顶高具有更好的反演性能。通过对整个反演路径上的数据进行统计分析,深度学习算法所得反演结果的平均误差为 2.4m,均方根误差为 3.5m;Lévy 飞行量子行为粒子群算法所得反演结果的平均误差为 3.2m,均方根误差为 4.7m。若剔除反演路径上波导陷获层顶高为零的数据,则深度学习算法所得反演结果的平均误差为 4.6m,均方根误差为 4.9m;Lévy 飞行量子行为粒子群算法所得反演结果的平均误差为 6.2m,均方根误差为 6.5m。

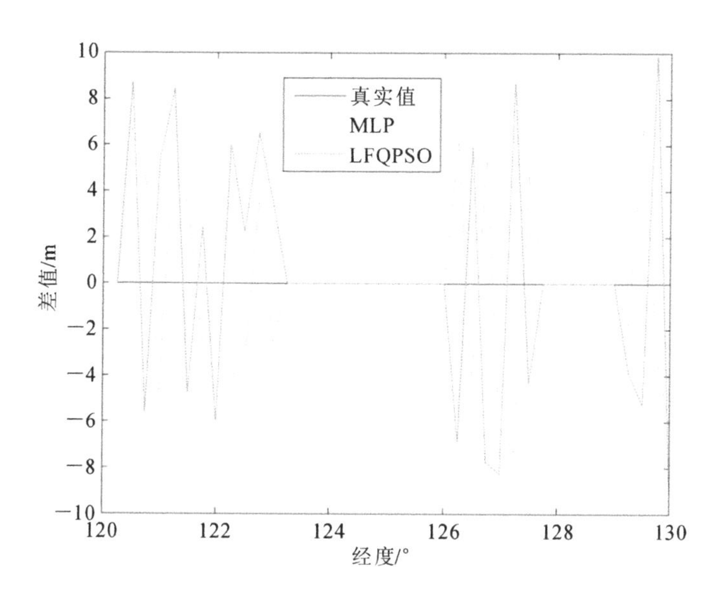

图 6.19 反演结果差

通过以上分析可知,可以利用接收到的 AIS 信号功率反演大气波导参数,验证了 AIS 信号反演监测大气波导方法的可行性和有效性。需要注意的是,由于试验条件的限制,只采集了部分数据,得到的只是初步结果,后续仍需通过大量试验进一步改进和完善 AIS 信号反演监测大气波导理论和方法。

参考文献

[1]HOWARD E B,GEORGE B. Measurement of variations in atmospheric refractive index with an airborne microwave refractometer[J]. Journal of Research of the National Bureau of Standards, 1953, 51(4): 171-178.

[2]RICHTER J H. Sensing of radio refractivity and aerosol extinction [C]. Proceedings of International Geoscience and Remote Sensing Symposium. IEEE,1994:381-385.

[3]ROWLAND J R,BABIN S M. Fine-scale measurements of microwave profiles with helicopter and low cost rocket probes[J]. Johns Hopkins APL Technical Digest,1987,8(4):413-417.

[4]ROWLAND J R,KONSTANZER G C,Neves M R,et al. SEAWASP: Refractivity characterization using shipboard sensors[C]. Proceedings of the Battlespace Atmospherics Conference. Nav. Command,Control and Ocean Surveillance Cent,1996:155-164.

[5]戴福山.海洋大气近地层折射指数模式及其在蒸发波导分析上的应用[J].电波科学学报,1998,13(3):280-286.

[6]DING J L,FEI J F,HUANG X G,et al. Development and validation of an evaporation duct model. Part I:Model Establishment and sensitivity experiments[J]. Journal of Meteorological Research, 2015, 29(3): 467-481.

[7]DING J L,FEI J F,HUANG X G,et al. Development and validation of

an evaporation duct model. Part Ⅱ:Evaluation and improvement of stability functions[J]. Journal of Meteorological Research,2015,29(3):482-495.

[8]WILLITSFORD A,PHILBRICK C R. Lidar description of the evaporation duct in ocean environments[C]. Proceedings of SPIE-The International Society for Optical Engineering. SPIE,2005:140-147.

[9]古妍妍. 气象微波辐射计数据处理与软件实现[D]. 武汉:华中科技大学,2018.

[10]KARIMIAN A,YARDIM C,GERSTOFT P,et al. Refractivity estimation from sea clutter:An invited review[J]. Radio Science,2011,46:RS6013.

[11]张金鹏. 海上对流层波导的雷达海杂波/GPS信号反演方法研究[D]. 西安:西安电子科技大学,2013.

[12]ZHAO X F. "Refractivity-from-clutter" based on local empirical refractivity model[J]. Chinese Physics B,2018,27(12):128401.

[13]LOWRY A R,ROCKEN C,SOKOLOVSKIY S V,et al. Vertical profiling of atmospheric refractivity from ground-based GPS[J]. Radio Science,2002,37(3):1-21.

[14]王红光. 地基GNSS掩星反演对流层大气波导的方法和实验研究[D]. 西安:西安电子科技大学,2013.

[15]LESSING P A,BERNARD L J,TETREAULT C B J,et al. Use of the automatic identification system(AIS)on autonomous weather buoys for maritime domain awareness applications[C]. OCEANS 2006. IEEE,2006:1-6.

[16]TECH. REP. ITU-R M. 2123. Long range detection of automatic identification system(AIS)messages under various tropospheric propagation con-

ditions[R]. International Telecommunications Unition(ITU),2007.

[17]VESECKY J F,LAWS K E,PADUAN J D. Using HF surface wave radar and the ship Automatic Identification System(AIS)to monitor coastal vessels [C]. Geoscience and Remote Sensing Symposium. IEEE,2009:761-764.

[18]GREEN D,FOWLER C,POWER D,et al. VHF propagation study[R]. Contractor report DRDC-ATLANTIC-CR-2011-152,Defence R&D Canada,London Research and Development Corp,C-Core,2011.

[19]BRUIN E R. On propagation effects in maritime situation awareness: Modelling the impact of North Sea weather conditions on the performance of AIS and coastal radar systems[D]. Utrecht:Utrecht University,2016.

[20]MAZZARELLA F,VESPE M,TARCHI D,et al. AIS reception characterisation for AIS on/off anomaly detection[C]. International Conference on Information Fusion. IEEE,2016:1-8.

[21]MAZZARELLA F,VESPE M,ALESSANDRINI A,et al. A novel anomaly detection approach to identify intentional AIS on-off switching [J]. Expert Systems with Applications,2017, 78:110-123.

[22]邵立杰. AIS 海上电波传播模型研究[D]. 大连:大连海事大学,2014.

[23]杨琴. 沿海 VHF 信号传播特征分析[D]. 大连:大连海事大学,2017.

[24]WANG X Y,ZHANG S F. Evaluation of multipath signal loss for AIS signals transmitted on the sea surface[J]. Ocean Engineering,2017,146:9-20.

[25]王晓烨. AIS 自主定位系统传播路径误差及修正技术研究[D]. 大连:大连海事大学,2018.

[26]GERSTOFT P,ROGERS L T,HODGKISS W S,et al. Refractivity-from-clutter using global environmental parameters[C]. International

Geoscience & Remote Sensing Symposium. IEEE,2001:2746-2748.

[27]GERSTOFT P,ROGERS L T,KROLIK J L,et al. Inversion for refractivity parameters from radar sea clutter[J]. Radio Science,2003,38(3):8053.

[28]YARDIM C,GERSTOFT P,HODGKISS W S. Estimation of radio refractivity from radar clutter using Bayesian Monte Carlo analysis[J]. IEEE Transactions on Antennas and Propagation, 2006, 54 (4): 1318-1327.

[29]YARDIM C,GERSTOFT P,HODGKISS W S. Statistical maritime radar duct estimation using hybrid genetic algorithm-Markov chain Monte Carlo method[J]. Radio Science,2007,42:RS3014.

[30]YARDIM C. Statistical estimation and tracking of refractivity from radar clutter[D]. San Diego:University of California,2007.

[31]YARDIM C,Gerstoft P,Hodgkiss W S. Sensitivity analysis and performance estimation of refractivity from clutter techniques[J]. Radio Science,2009,44:RS1008.

[32]VASUDEVAN S,ANDERSON R H,KRAUT S,et al. Recursive Bayesian electromagnetic refractivity estimation from radar sea clutter [J]. Radio Science,2007,42:RS2014.

[33]ISAAKIDIS S A,DIMOU I N,XENOS T D,et al. An artificial neural network predictor for tropospheric surface duct phenomena[J]. Nonlinear Processes in Geophysics,2007,14(5):569-573.

[34]DOUVENOT R,FABBRO V,BOURLIER C,et al. Determination of evaporation duct heights by an inverse method[C]. Proceedings of SPIE-The International Society for Optical Engineering. SPIE,2007,6747:67470Q.

[35]DOUVENOT R,FABBRO V,FUCHS H H,et al. Retrieving evaporation duct heights from measured propagation factors[C]. IET International Conference on Radar Systems. IET,2007.

[36]DOUVENOT R,FABBRO V,GERSTOFT P,et al. A duct mapping method using least squares support vector machines[J]. Radio Science,2008,43:RS6005.

[37]DOUVENOT R,FABBRO V,BOURLIER C,et al. Refractivity from sea clutter applied on VAMPIRA and Wallops'98 data[C]. International Conference on Radar. IEEE,2008:482-487.

[38]DOUVENOT R,FABBRO V,BOURLIER C,et al. Inverse methods for refractivity from clutter[C]. International Conference on Radar. IEEE,2008:488-491.

[39]DOUVENOT R,FABBRO V,BOURLIER C,et al. Retrieve the evaporation duct height by least-squares support vector machine algorithm [J]. Journal of Applied Remote Sensing,2009,3:033503.

[40]DOUVENOT R,FABBRO V,GERSTOFT P,et al. Real time refractivity from clutter using a best fit approach improved with physical information[J]. Radio Science,2010,45:RS1007.

[41]DOUVENOT R,FABBRO V. On the knowledge of radar coverage at sea using real time refractivity from clutter[J]. IET Radar,Sonar & Navigation,2010,4(2):293-301.

[42]VALTR P,PECHAC P,KVICERA V,et al. Estimation of the refractivity structure of the lower troposphere from measurements on a terrestrial multiple-receiver radio link[J]. IEEE Transactions on Antennas and Propagation,2011,59(5):1707-1715.

[43]TEPECIK C,NAVRUZ I. Solving inversion problem for refractivity

estimation using Artificial Neural Networks[C]. International Conference on Electrical & Electronics Engineering. IEEE,2015:298-302.

[44]TEPECIK C,NAVRUZ I. A novel hybrid model for inversion problem of atmospheric refractivity estimation [J]. AEU-International Journal of Electronics and Communications,2018,84:258-264.

[45]PENTON S E,HACKETT E E. Rough ocean surface effects on evaporative duct atmospheric refractivity inversions using genetic algorithms[J]. Radio Science,2018,53(6):804-819.

[46]WANG B,WU Z S,ZHAO Z W,et al. Retrieving evaporation duct heights from radar sea clutter using particle swarm optimization (PSO)algorithm[J]. Progress in Electromagnetics Research M,2009,9:79-91.

[47]王波,吴振森,赵振维,等.基于蚁群算法的雷达海杂波反演蒸发波导研究[J].电波科学学报,2009,24(4):598-603.

[48]李宏强.电磁波在大气波导环境中的传播特性及基于遗传算法的反演研究[D].西安:西安电子科技大学,2009.

[49]杨德草.海杂波反演大气波导的模拟退火算法[D].西安:西安电子科技大学,2009.

[50]韩星星.雷达海杂波反演海面大气波导的研究[D].西安:西安电子科技大学,2009.

[51]郝永生.海上蒸发波导中的电磁波传播及基于神经网络的反演问题研究[D].西安:西安电子科技大学,2009.

[52]刘金海.海上障碍物对蒸发波导中电波传播的影响及其反演研究[D].西安:西安电子科技大学,2010.

[53]杨超.大气波导中电磁波传播及反演关键技术[D].西安:西安电子科技大学,2010.

[54]杨超,郭立新,吴振森.最小二乘支持向量机在蒸发波导预测中的应用[J].电波科学学报,2010,25(4):632-637.

[55]盛峥,黄思训.雷达回波资料反演海洋波导的算法和抗噪能力研究[J].物理学报,2009,58(6):4328-4334.

[56]盛峥,黄思训,赵小峰.雷达回波资料反演海洋波导中观测值权重的确定[J].物理学报,2009,58(9):6627-6632.

[57]盛峥,黄思训,曾国栋.利用 Bayesian-MCMC 方法从雷达回波反演海洋波导[J].物理学报,2009,58(6):4335-4341.

[58]HUANG S X,ZHAO X F,SHENG Z. Refractivity estimation from radar sea clutter[J]. Chinese Physics B,2009,18(11):5084-5090.

[59]盛峥,黄思训.变分伴随正则化方法从雷达回波反演海洋波导 I.理论推导部分[J].物理学报,2010,59(3):1734-1739.

[60]盛峥,黄思训.变分伴随正则化方法从雷达回波反演海洋波导(Ⅱ):实际反演试验[J].物理学报,2010,59(6):3912-3916.

[61]ZHAO X F,HUANG S X,XIANG J,et al. Remote sensing of atmospheric duct parameters using simulated annealing[J]. Chinese Physics B,2011,20(9):099201.

[62]ZHAO X F,HUANG S X,DU H D. Theoretical analysis and numerical experiments of variational adjoint approach for refractivity estimation[J]. Radio Science,2011,46:RS1006.

[63]ZHAO X F,HUANG S X. Refractivity from clutter by variational adjoint approach[J]. Progress In Electromagnetics Research B,2011,33:153-174.

[64]赵小峰,黄思训.垂直天线阵观测信息反演大气折射率廓线[J].物理学报,2011,60(11):10.

[65]盛峥.扩展卡尔曼滤波和不敏卡尔曼滤波在实时雷达回波反演大气波

导中的应用[J]. 物理学报,2011,60(11):119301.

[66]ZHAO X F,HUANG S X. Estimation of atmospheric duct structure using radar sea clutter[J]. Journal of the Atmospheric Sciences,2012,69(9):2808-2818.

[67]ZHAO X F. Evaporation duct height estimation and source localization from field measurements at an array of radio receivers[J]. IEEE Transactions on Antennas and Propagation,2012,60(2):1020-1025.

[68]ZHAO X F,HUANG S X,WANG D X. Using particle filter to track horizontal variations of atmospheric duct structure from radar sea clutter[J]. Atmospheric Measurement Techniques ,2012,5:2859-2866.

[69]SHENG Z,FANG H X. Inversion for atmosphere duct parameters using real radar sea clutter[J]. Chinese Physics B,2012,21(2):029301.

[70]盛峥,陈加清,徐如海. 利用粒子滤波从雷达回波实时跟踪反演大气波导[J]. 物理学报,2012,61(6):069301.

[71]何然,黄思训,周晨腾,等. 遗传算法结合正则化方法反演海洋大气波导[J]. 物理学报,2012,61(4):049201.

[72]SHENG Z. The estimation of lower refractivity uncertainty from radar sea clutter using the Bayesian-MCMC method[J]. Chinese Physics B,2013,22(2):029302.

[73]郑琴,巩向武,吴文华. 结合 PSO 的 PF 用于雷达海杂波反演大气波导[J]. 解放军理工大学学报(自然科学版),2013,14(3):322-328.

[74]ZHAO X F,HUANG S X. Atmospheric duct estimation using radar sea clutter returns by the adjoint method with regularization technique[J]. Journal of Atmospheric and Oceanic Technology,2014,31:1250-1262.

[75]ZHANG Z H,SHENG Z,SHI H Q. Parameter estimation of atmos-

pheric refractivity from radar clutter using the particle swarm optimization via Lévy flight[J]. Journal of Applied Remote Sensing,2015,9:095998.

[76]ZHANG Z H,SHENG Z,SHI H Q,et al. Inversion for refractivity parameters using a dynamic adaptive cuckoo search with crossover operator algorithm[J]. Computational Intelligence and Neuroscience,2016,2016:3208724.

[77]孟书生. 海洋大气波导电磁传播模型及波导参数反演算法研究[D]. 青岛:中国海洋大学,2010.

[78]左雷,察豪,周沫,等. 基于免疫算法的雷达海杂波反演蒸发波导研究[J]. 电子学报,2011,39(10):2382-2386.

[79]左雷,顾雪峰,邵伟,等. 雷达海杂波反演大气折射率剖面试验分析[J]. 华中科技大学学报(自然科学版),2012,40(7):75-77.

[80]周沫,左雷,王春雨,等. 基于遗传/模拟退火算法的蒸发波导反演研究[J]. 电波科学学报,2014,29(1):122-128.

[81]庞佳珪. 对流层无线电波导传输特性反演方法研究[D]. 郑州:解放军信息工程大学,2013.

[82]程焕,谢洪森,孙大军,等. 用雷达海杂波反演蒸发波导的蚁群算法[J]. 四川兵工学报,2013,34(1):91-93.

[83]吕雍正,芮国胜,田文飚. 基于直接支持向量机的蒸发波导参数反演研究[J]. 四川兵工学报,2015,36(2):111-114.

[84]YANG C. Estimation of the atmospheric duct from radar sea clutter using artificial bee colony optimization algorithm[J]. Progress In Electromagnetics Research,2013,135:183-199.

[85]YANG C. A comparison of the machine learning algorithm for evaporation duct estimation[J]. Radioengineering,2013,22(2):657-661.

[86]YANG C,ZHANG J K,GUO L X. Investigation on the inversion of the atmospheric duct using the artificial bee colony algorithm based on opposition-based learning[J]. International Journal of Antennas and Propagation,2016:2749035.

[87]YANG C,GUO L X. Inferring the atmospheric duct from radar sea clutter using the improved artificial bee colony algorithm[J]. International Journal of Microwave and Wireless Technologies,2018,10(4):437-445.

[88]杨超,陈竞,王一旨,等. 雷达海杂波反演大气波导的改进回溯搜索算法[J]. 系统工程与电子技术,2018,40(8):1743-1749.

[89]ZHANG Q,YANG K D. Study on evaporation duct estimation from point-to-point propagation measurements[J]. IET Science, Measurement & Technology,2018,12(4):456-460.

[90]GUO X W,WU J Q,ZHANG J P,et al. Deep learning for solving inversion problem of atmospheric refractivity estimation[J]. Sustainable Cities and Society,2018,43:524-531.

[91]CREECH J A,RYAN J F. AIS The Cornerstone of National Security? [J]. Journal of Navigation,2003,56:31-44.

[92]SOLAS. Regulation 19-carriage requirements for shipborne navigational systems and equipment[S]. International Maritime Organization (IMO),2000.

[93]刘畅. 船舶自动识别系统(AIS)关键技术研究[D]. 大连:大连海事大学,2013.

[94]RECOMMENDATION ITU-R M. 1371-5. Technical characteristics for an automatic identification system using time division multiple access in the VHF maritime mobile band[S]. International Telecommu-

nications Unition(ITU),2014.

[95]信召举. 基于 TDMA 的船舶自动识别系统(AIS)监测性能分析及研究[D]. 天津:天津理工大学,2011.

[96]李丽萍. 基于 TDMA 的船载自动识别系统通信性能研究[D]. 天津:天津理工大学,2011.

[97]闫正华. AIS 系统 SOTDM 协议性能研究与仿真[D]. 大连:大连海事大学,2015.

[98]BEAN B R, DUTTON E J. Radio Meteorology[M]. New York: Dover,1966.

[99]ECKARDT M C. Assessing the effects of model error on radar inferred evaporative ducts[D]. Monterey:Naval Postgraduate School,2002.

[100]YARDIM C,GERSTOFT P,HODGKISS W S. Tracking refractivity from clutter using Kalman and particle filters[J]. IEEE Transactions on Antennas and Propagation,2008,56(4):1058-1070.

[101]OZGUN O,APAYDIN G,KUZUOGLU M,et al. PETOOL:MATLAB-based one-way and two-way split-step parabolic equation tool for radiowave propagation over variable terrain[J]. Computer Physics Communications,2011,182(12):2638-2654.

[102]张青洪. 大区域地理环境的电磁建模及高效抛物方程方法研究[D]. 成都:西南交通大学,2016.

[103]GUO Q, ZHOU C, LONG Y L. Greene approximation wide-angle parabolic equation for radio propagation[J]. IEEE Transactions on Antennas and Propagation,2017,65(11):6048-6056.

[104]SIRKOVA I. Brief review on PE method application to propagation channel modeling in sea environment[J]. Central European Journal of Engineering,2012,2(1):19-38.

[105]CADETTE P E. Modeling tropospheric radiowave propagation over rough sea surfaces using the parabolic equation Fourier split-step method[D]. Washington:The George Washington University,2012.

[106]DOCKERY G D,KUTTLER J R. An improved impedacne-boundary algorithm for Fourier split-step solutions of the parabolic wave equation[J]. IEEE Transactions on Antennas and Propagation,1996,44(12):1592-1599.

[107]BOURLIER C. Propagation and scattering in ducting maritime environments from an accelerated boundary integral equation[J]. IEEE Transactions on Antennas and Propagation,2016,64(11):4794-4803.

[108]FREUND D E,WOODS N E,KU H C,et al. Forward radar propagation over a rough sea surface:A numerical assessment of the Miller-Brown approximation using a horizontally polarized 3-GHz line source[J]. IEEE Transactions on Antennas and Propagation,2006,54(4):1292-1304.

[109]SIRKOVA I. Propagation factor and path loss simulation results for two rough surface reflection coefficients applied to the microwave ducting propagation over the sea[J]. Progress In Electromagnetics Research M,2011,17:151-166.

[110]LENTINI N E,HACKETT E E. Global sensitivity of parabolic equation radar wave propagation simulation to sea state and atmospheric refractivity structure[J]. Radio Science, 2015, 50(10): 1027-1049.

[111]SALTELLI A,TARANTOLA S,CHAN P S. A quantitative model-independent method for global sensitivity analysis of model output[J]. Technometrics,1999,41(1):39-56.

[112]李红祺.随机平衡设计傅里叶振幅敏感性分析方法和拓展傅里叶振幅敏感性分析方法在陆面过程模式敏感性分析中的应用探索[J].物理学报,2015,64(6):069201.

[113]MARINO S,HOGUE I B,RAY C J,et al. A methodology for performing global uncertainty and sensitivity analysis in systems biology [J]. Journal of Theoretical Biology,2008,254:178-196.

[114]DOUVENOT R,FABBRO V,ELIS K. Parameter-based rules for the definition of detectable ducts for an RFC system[J]. IEEE Transactions on Antennas and Propagation,2014,62(11):5696-5705.

[115]AKBARPOUR R,WEBSTER A R. Ray-tracing and parabolic equation methods in the modeling of a tropospheric microwave link[J]. IEEE Transactions on Antennas and Propagation,2005,53(11):3785-3791.

[116]黄小毛,张永刚,王华,等.射线跟踪技术用于分析波导环境下电波异常折射误差[J].微波学报,2006,22(b06):192-198.

[117]KENNEDY J,EBERHART R. Particle swarm optimization[C]. IEEE International Conference on Neural Networks. IEEE,1995:1942-1948.

[118]ZHANG L,YANG F,ELSHERBENI A Z. On the use of random variables in particle swarm optimizations: A comparative study of Gaussian and uniform distributions[J]. Journal of Electromagnetic Waves and Applications,2009,23:711-721.

[119]SUN J,FENG B,XU W B. Particle swarm optimization with particles having quantum behavior[C]. IEEE Congress on Evolutionary Computation. IEEE,2004:325-331.

[120]SUN J,WU X J,PALADE V,et al. Convergence analysis and improvements of quantum-behaved particle swarm optimization[J]. In-

formation Sciences,2012,193:81-103.

[121]SUN J,FANG W,WU X J,et al. Quantum-behaved particle swarm optimization:Analysis of individual particle behavior and parameter selection[J]. Evolutionary Computation,2012,20(3):349-393.

[122]孙俊.量子行为粒子群优化算法研究[D].无锡:江南大学,2009.

[123]方伟,孙俊,谢振平,等.量子粒子群优化算法的收敛性分析及控制参数研究[J].物理学报,2010,59(6):3686-3694.

[124]REHMAN O U,YANG J Q,ZHOU Q,et al. A modified QPSO algorithm applied to engineering inverse problems in electromagnetic[J]. International Journal of Applied Electromagnetics and Mechanics,2017,54:107-121.

[125]ZHANG C M,XIE Y C,LIU D,et al. Fast threshold image segmentation based on 2D fuzzy fisher and random local optimized QPSO[J]. IEEE Transactions on Image Processing,2017,26(3):1355-1362.

[126]LIU T Y,JIAO L C,MA W P,et al. Quantum-behaved particle swarm optimization with collaborative attractors for nonlinear numerical problems[J]. Communications in Nonlinear Science and Numerical Simulation,2017,44:167-183.

[127]CLERC M,KENNEDY J. The particle swarm:Explosion,stability and convergence in a multidimensional complex space[J]. IEEE Transactions on Evolutionary Computation,2002,6(1):58-73.

[128]SUN J,XU W B,FENG B. A global search strategy of quantum-behaved particle swarm optimization[C]. IEEE Conference on Cybernetics and Intelligent Systems. IEEE,2004:111-116.

[129]EDWARDS A M,PHILLIPS R A,WATKINS N W,et al. Revisiting Lévy flight search patterns of wandering albatrosses,bumblebees

and deer[J]. Nature,2007,449:1044-1048.

[130]JENSI R,JIJI G W. An enhanced particle swarm optimization with levy flight for global optimization[J]. Applied Soft Computing,2016, 43:248-261.

[131]YAN B L,ZHAO Z,ZHOU Y C,et al. A particle swarm optimization algorithm with random learning mechanism and Levy flight for optimization of atomic clusters[J]. Computer Physics Communications,2017,219:79-86.

[132]LECUN Y,BENGIO Y,HINTON G. Deep learning[J]. Nature, 2015,521:436-444.

[133]SCHMIDHUBER J. Deep learning in neural networks:An overview [J]. Neural Networks,2015,61:85-117.

[134]ALOM Z M,TAHA T M,YAKOPCIC C,et al. A state-of-the-art survey on deep learning theory and architectures[J]. Electronics, 2019,8:292.

[135]MOHAMED A R,DAHL G E,HINTON G. Acoustic modeling using deep belief networks[J]. IEEE Transactions on Audio,Speech, and Language Processing,2012,20(1):14-22.

[136]YOUNG T,HAZARIKA D,PORIA S,et al. Recent trends in deep learning based natural language processing[J]. IEEE Computational Intelligence Magazine,2018,13(3):55-75.

[137]KRIZHEVSKY A. Learning multiple layers of features from tiny images[R]. Toronto:University of Toronto,2009.

[138]HORNIK K,STINCHCOMBE M,WHITE H. Multilayer feedforward networks are universal approximators[J]. Neural Networks, 1989,2(5):359-366.

[139]NWANKPA C E,IJOMAH W,GACHAGAN A,et al. Activation functions:Comparison of trends in practice and research for deep learning[J]. arXiv preprint arXiv:1811.03378,2018.

[140]NAIR V,HINTON G E. Rectified linear units improve restricted boltzmann machines[C]. International Conference on Machine Learning. Omnipress,2010:807-814.

[141]NEEDELL D,SREBRO N,WARD R. Stochastic gradient descent, weighted sampling, and the randomized Kaczmarz algorithm[J]. Mathematical Programming,2016,155(1-2):549-573.

[142]KINGMA D P,BA J. Adam: A method for stochastic optimization [J]. arXiv preprint arXiv:1412.6980,2014.

[143]SMITH L N. A disciplined approach to neural network hyper-parameters:Part 1-learning rate,batch size,momentum,and weight decay [J]. arXiv preprint arXiv:1803.09820,2018.

[144]BERGSTRA J,BENGIO Y. Random search for hyper-parameter optimization[J]. Journal of Machine Learning Research, 2012, 13: 281-305.

[145]MCKAY M D,BECKMAN R J,CONOVER W J. A comparison of three methods for the selecting values of input variables in the analysis of out put from a computer code[J]. Technometrics,1979,21(2): 239-245.

[146]LOH W L. On Latin hypercube sampling[J]. The Annals of Statistics,1996,24(5):2058-2080.

[147]SHIELDS M D,ZHANG J X. The generalization of Latin hypercube sampling[J]. Reliability Engineering & System Safety,2016,148:96-108.

[148]ZHU X Y,LI J C,ZHU M,et al. An evaporation duct height prediction method based on deep learning[J]. IEEE Geoscience and Remote Sensing Letters,2018,15(9):1307-1311.

[149]GUPTA T K,RAZA K. Optimizing deep neural network architecture:A tabu search based approach[J]. arXiv preprint arXiv:180805979,2018.

[150]杨小牛,楼才义,徐建良. 软件无线电原理与应用[M]. 北京:电子工业出版社,2001.

[151]DEE D P,UPPALA S M,SIMMONS A J,et al. The ERA-Interim reanalysis:configuration and performance of the data assimilation system[J]. Quarterly Journal of the Royal Meteorological Society,2011,137:553-597.

[152]田斌,崔萌达,任席闯,等. 亚丁湾蒸发波导季节变化对电波传播的影响[J]. 哈尔滨工程大学学报,2018,39(12):2054-2063.